Wolfgang Trommer · Ernst-August Hampe
Blitzschutzanlagen

Wolfgang Trommer · Ernst-August Hampe

Blitzschutzanlagen

Planen · Bauen · Prüfen

Hüthig Buch Verlag Heidelberg

Dipl.-Ing. Wolfgang Trommer, Jg. 1943, Lehre als Elektromaschinenbauer, Studium an der TU Dresden. Seit 1969 Mitarbeiter der Deutschen Post und seit 1990 der Deutschen Bundespost TELEKOM. Seit 1993 Abteilungsleiter für Planung und Bauausführung für Vermittlungs- und Übertragungstechnik im Fernmeldeamt Erfurt. Ehrenamtliche Tätigkeit im VDE Bezirksverein Thüringen sowie Mitglied im ABB (Ausschuß für Blitzschutz und Blitzforschung). Bis zur Wiedervereinigung Vorsitzender des Fachunterausschusses Blitzschutz. Referent auf Tagungen und Seminaren sowie Autorentätigkeit.

Ing. Ernst-August Hampe ist Inhaber der Fa. Hampe Blitzschutzbau GmbH in Braunschweig. Mitarbeiter in nationaler und internationaler Normung sowie Mitglied des ABB (Ausschuß für Blitzschutz und Blitzforschung).

Es wird keine Gewähr übernommen, daß die in diesem Buch veröffentlichten Schaltungen frei von Patentrechten sind. Von den in diesem Buch zitierten DIN VDE- und DIN-Normen haben stets nur die jeweils letzten Ausgaben verbindliche Gültigkeit.

Das Werk ist urheberrechtlich geschützt. Die dadurch begründeten Rechte, insbesondere die der Übersetzung, des Nachdrucks, der Entnahme von Abbildungen, der Funksendung, der Wiedergabe auf photomechanischem oder ähnlichem Wege und der Speicherung in Datenverarbeitungsanlagen, bleiben, auch bei nur auszugsweiser Verwertung, vorbehalten. Bei Vervielfältigungen für gewerbliche Zwecke ist gemäß § 54 UrhG eine Vergütung an den Verlag zu zahlen, deren Höhe mit dem Verlag zu vereinbaren ist.

Die Deutsche Bibliothek – CIP-Einheitsaufnahme

Trommer, Wolfgang:
Blitzschutzanlagen : planen, bauen, prüfen / Wolfgang Trommer ; Ernst-August Hampe. - Heidelberg : Hüthig, 1994
   ISBN 3-7785-2199-3
NE: Hampe, Ernst-August:

© 1994 Hüthig GmbH, Heidelberg
Satz und Konvertierung: EDV-Service Dr. Kehrel, Heidelberg
Druck: Laub, Elztal-Dallau
Buchbinderische Verarbeitung: IVB, Heppenheim

Printed in Germany

Vorwort

Jährlich entstehen in der Bundesrepublik Deutschland durch Blitzeinwirkung Schäden, die in die Hunderte Millionen DM gehen. Wie die Schadensstatistiken der Sachversicherer ausweisen, ist die Tendenz dabei steigend. Das liegt vor allem an der starken Zunahme empfindlicher elektronischer Steuerungs-, Kommunikations- und Datenverarbeitungsanlagen und hat dazu geführt, daß die Gewitter-Überspannungsschäden die direkten Blitzschäden bei weitem übersteigen.
Blitzschutz ist also ein wichtiges gesellschaftliches Anliegen. Leider gibt es viele Beispiele für nicht ordnungsgemäß ausgeführte und vernachlässigte Blitzschutzanlagen. Eine wirkungsvolle Blitzschutzanlage muß einem ausgewogenen Schutzkonzept entsprechen, nach dem in der zu schützenden Anlage die Bedrohungsparameter stufenweise abgebaut werden. Blitzschutzanlagen können deshalb nicht nebenbei geplant und errichtet werden! Der Blitzschutzfachmann muß über ein solides Fachwissen verfügen, das er sich, da es eine einschlägige Berufsausbildung nicht gibt, in Lehrgängen und durch das Studium von Fachliteratur aneignen muß.
Blitzschutzanlagen werden vor allem von Elektroinstallateuren, Dachdeckern, Schlossern und Klempnern sowie von Technikern und Ingenieuren errichtet. An diesen breiten Leserkreis richtet sich unser Buch. Wir wollen den Lesern ein praxisgerechtes Material in die Hand geben, nach dem sie arbeiten können, ohne weitere Unterlagen heranziehen zu müssen. Auf tiefergehende theoretische Grundlagen haben wir verzichtet, dafür haben wir viele praktische Details aufgenommen – von Werkzeugen, Hilfsmitteln und Bauteilen bis hin zum Arbeitsschutz.
Grundlage für die Errichtung und Prüfung jeder Blitzschutzanlage ist die Norm DIN VDE 0185, von der zur Zeit fünf Teile (drei davon als Entwürfe) vorliegen. Seit dem Erscheinen der ersten beiden Teile vor über 11 Jahren haben sich auch im Blitzschutz Veränderungen vollzogen, die sich u.a. in den auf IEC-Dokumenten basierenden Normentwürfen niedergeschlagen haben. Wo immer es angebracht schien, haben wir auf diese Veränderungen hingewiesen, die in absehbarer Zeit verbindlich werden dürften.
Den Fachkollegen, die uns mit Rat und Tat unterstützt haben, möchten wir herzlich danken, ebenso dem Hüthig Buch Verlag für die gute Zusammenarbeit.

Erfurt und Braunschweig,   Wolfgang Trommer
Frühjahr 1994   Ernst-August Hampe

Inhaltsverzeichnis

Vorwort V

Zur Geschichte des Blitzschutzbaus 1

1 Weiterbildung auf dem Gebiet des Blitzschutzes 5

2 Werkzeuge, Ausrüstung und Arbeitsschutz 9
2.1 Werkzeuge 9
2.2 Maschinen, Geräte und Ausrüstung 10
2.3 Sicherheit auf Baustellen 12
2.3.1 Grundforderungen 12
2.3.2 Leitung, Aufsicht, Koordinierung 12
2.3.3 Arbeiten auf erhöhtem Standort 13
2.3.4 Bauliche Anlagen 14
2.3.5 Arbeiten in Gruben und Gräben 15
2.3.6 Verwendung von Flüssiggas 16
2.3.7 Elektrische Betriebsmittel auf Baustellen 16
2.3.8 Persönliche Schutzausrüstung 17
2.3.9 Gesetze, Vorschriften, Regeln, Normen 17

3 Grundlagen des Blitzschutzes 20
3.1 Der Blitz und seine Wirkungen 20
3.2 Aufgabe, Erfordernis und Ausführung des Blitzschutzes 24
3.2.1 Aufgaben des Blitzschutzes 24
3.2.2 Erfordernis von Blitzschutzmaßnahmen 26
3.2.3 Ausführung von Blitzschutzanlagen 30
3.3 Blitzschutzzonen-Konzept 31
3.3.1 Ermittlung der Blitzschutzzonen 34
3.3.2 Blitzströme über Versorgungsleitungen 35
3.3.3 Auswahl der Armaturen und Ableiter 37
3.4 Stand der Blitzschutznormung 38
3.5 Planung von Blitzschutzanlagen 39
3.6 Zeichnerische Darstellung von Blitzschutzanlagen 42

4 Grundsätze des Blitzschutzbaus 49
4.1 Fangeinrichtung 49
4.1.1 Grundanordnung 49
4.1.2 Fangleitungen 53

4.1.3	Fangstangen	55
4.1.4	Fangeinrichtungen an Dachaufbauten	59
4.2	Ableitungen	62
4.3	Isolierte äußere Blitzschutzanlage	67
4.4	Erdungsanlage	68
4.4.1	Grundforderungen	68
4.4.2	Erderanordnung	76
4.4.3	Ausführungshinweise	78
4.4.4	Maßnahmen gegen Berührungs- und Schrittspannungen	86
4.5	Schirmung	87
4.5.1	Gebäudeschirmung	87
4.5.2	Raumschirmung	89
4.5.3	Leitungsschirmung	90
4.6	Blitzschutz-Potentialausgleich	92
4.6.1	Prinzip	92
4.6.2	Umfang und Ort des Zusammenschlusses	93
4.6.3	Blitzschutz-Potentialausgleich und Potentialausgleich für elektrische Anlagen	98
4.6.4	Ausführungshinweise	102
4.7	Näherungen	104
5	**Blitzschutzanlagen für besondere Objekte**	**109**
5.1	Bauwerke	109
5.1.1	Freistehende Schornsteine	109
5.1.2	Dome und Kirchen	112
5.1.3	Seilbahnen	115
5.1.4	Skilifte	116
5.1.5	Fördertürme	116
5.1.6	Kühltürme	117
5.1.7	Sonstige turmartige Bauwerke	117
5.1.8	Traglufthallen	119
5.1.9	Fernwärmeleitungen und Rohrbrücken	121
5.1.10	Sportfreianlagen	121
5.1.11	Brücken	124
5.2	Spezielle elektrische und technologische Anlagen	126
5.2.1	Elektrosirenen	126
5.2.2	Krane und Förderbrücken	129
5.2.3	Aufzugsanlagen	129
5.2.4	Hochregallager	131
5.2.5	Antennenanlagen	132
5.2.6	Krankenhäuser und Kliniken	137

5.2.7	Fernmelde- und Informationsverarbeitungsanlagen	143
5.3	Anlagen mit besonders gefährdeten Bereichen	147
5.3.1	Einstufung	147
5.3.2	Feuergefährdete Bereiche	149
5.3.3	Explosionsgefährdete Bereiche	151
5.3.4	Explosivstoffgefährdete Bereiche	155
6	**Prüfung und Wartung von Blitzschutzanlagen**	157
6.1	Grundforderungen	157
6.2	Prüfung von Neuanlagen	159
6.2.1	Vorprüfung	159
6.2.2	Baubegleitende Prüfung	160
6.2.3	Prüfung nach Fertigstellung der Blitzschutzanlage	160
6.3	Prüfung bestehender Blitzschutzanlagen	164
6.4	Wartung	167
7	**Werkstoffe und Bauteile**	169
8	**Verbindungen**	180
9	**Anhang**	182
10	**Literatur**	185
11	**Stichwortverzeichnis**	189

Zur Geschichte des Blitzschutzbaus

Blitzableiter gab es schon im Altertum. Im Land der Pharaonen wurden an Tempeln bis zu 30 m hohe Maste aufgestellt, die mit Klammern an den Mauern befestigt und deren Spitzen mit reinem Kupfer verkleidet waren. Ihre Verwendung als Schutz gegen Blitze ist aus einer Inschrift belegt, die eine solche Anlage und deren Zweck am Tempel von Edfu aus dem 15. Jahrhundert v. Chr. beschreibt: "Dies ist der hohe Pylonbau des Gottes von Edfu, am Hauptsitz des leuchtenden Horus, Mastbäume befinden sich paarweise an ihrem Platz, um das Ungewitter an der Himmelshöhe zu scheiden." Weiter heißt es in einer Bauvorschrift: "Ihre Mastbäume aus dem Aschholz reichen bis zum Himmelsgewölbe und sind mit Kupfer des Landes beschlagen." Diese durch den Ägyptologen *H. K. Brugsch* überlieferten Beschreibungen dürften wohl die ältesten Blitzschutzbauvorschriften sein [1]. Auch der Tempel der Juden in Jerusalem (925 bis 587 v.Chr.) wurde durch einfache Blitzschutzanlagen geschützt. Sie wurden in [2] wie folgt beschrieben: "Das Dach des Tempels, mit stark vergoldetem Zedernholz bekleidet, war von einem Ende bis zu dem anderen mit langen eisernen oder stählernen und oben vergoldetem Lanzen besetzt. Die Frontwände des Gebäudes waren gleichfalls in ihrer ganzen Ausdehnung mit stark vergoldetem Holz bedeckt. Unter dem Vorhofe des Tempels endlich befanden sich Cisternen, in welche das von den Dächern laufende Wasser durch metallene Röhren abfloß. Wir finden hier die Schäfte von Blitzableitern und eine große Menge von Conductoren."
Der amerikanische Staatsmann und Schriftsteller *B. Franklin* zog aus seinen Versuchen 1750 die folgenden Erkenntnisse: "Zur Bewahrung der Häuser und Kirchenschiffe vor einem Blitzeinschlag sind ihre höchsten Stellen mit scharf zugespitzten Stangen zu versehen. Von dem Fuß dieser Stangen müßte ein Draht an der Außenseite der Gebäude bis in die Erde geführt werden". Einige Jahre später ergänzte er diese Anweisung damit, daß längere Häuser durch zwei Spitzen von 6 bis 8 Fuß Länge (1,8 bis 2,5 m), verbunden durch einen Firstdraht, zu schützen sind. *Franklin* hatte bereits damals den begrenzten Schutzbereich einer Fangstange erkannt [3]. In der Folgezeit entbrannte ein großer Streit um die Frage, ob die Enden der Stange besser rund oder spitz sein sollten. So ist es nicht verwunderlich, daß wir selbst heute noch auf älteren Gebäuden bizarre Gebilde von Auffangspitzen vorfinden. Der Blitzschutzfachmann sollte diese Spitzen nicht der Vernichtung preisgeben.
Den ersten europäischen Franklinschen Blitzableiter erhielt der Eddystone-Leuchtturm bei Plymouth, und der erste Blitzableiter in Deutschland wurde 1769 auf der St.-Jacobi-Kirche in Hamburg errichtet. Das Dresdner Schloß wurde 1775 damit ausgerüstet. Allerdings gab es auch Widerstände durch die

Geistlichkeit. So wollte 1781 der Pfälzer und bayerische Kurfürst Maximilian Theodor auf seinem Münchner Schloß und seinem Sommerschloß zu Nymphenburg "Wetterableiter" errichten lassen. In [38] liest man hierzu: "Der Pöbel wurde von der Geistlichkeit angestiftet, sich diesem Unternehmen zu widersetzen. Es entstand also ein Tumult, und die Wetterableiter mußten unter dem Schutz der Waffen aufgerichtet werden. Kaum aber hatte sich die erste Furcht etwas verloren, so waren die Geistlichen, die sich am meisten wider die Wetterableiter setzten, die ersten, die sie an ihren Klöstern aufrichteten."

An einem weiteren kleinen Beispiel ist erkennbar, welch sonderbare Mischung von Aberglaube, praktischer Erfahrung und wissenschaftlicher Überlegung zu dieser Zeit das Denken der Menschen beeinflußte. Seinerzeit wurden vielfach die Kirchenglocken geläutet, um ein heranziehendes Gewitter zu vertreiben und die Menschen zu warnen. Bei den im Verlauf von etwa 30 Jahren registrierten 386 Blitzeinschlägen in Kirchtürme wurden 103 an den Glockenseilen ziehende Pfarrer oder Küster getötet. Dies führte letztlich dazu, daß Kirchen bevorzugt mit Blitzschutzanlagen ausgerüstet wurden.

I.A.H. Reimarus gab 1794 die ersten "Vorschriften zur Blitzableitung" heraus. In der Folgezeit interessierten sich in zunehmendem Maße die Feuerversicherungsanstalten für die Herausgabe von Blitzschutzvorschriften. Hier sollen als Beispiel die "Ratschläge für die Anlegung von Blitzableitern" aus dem Jahre 1877 genannt werden, welche in ihrer 3. Auflage 1887 um die "Anleitung zur Revision" erweitert wurden [4]. Dem Stand der Blitzschutztechnik entsprechend beschrieben diese Vorschriften die Auffangstangen, die (Ab-)Leitungen und die Boden-, Grund- oder Erdplatten (Erdung) sowie die zu verwendenden Materialien. Bemerkswert ist, daß bereits der Blitzschutz-Potentialausgleich zu ausgedehnten Metallmassen, wie Rohrleitungen, metallenen Dächern, Regenrinnen, Eisentreppen, eisernen Stützen und Gebälken sowie Dachständern (Telefon, Starkstrom, Schwachstrom), gefordert wurde. Auch der Anschluß von Wasser- und Gasleitungen im Umkreis um das Gebäude wurde empfohlen. Nur bei ausreichend großen Abständen sollte auf den Zusammenschluß verzichtet werden.

An dieser Stelle soll auf eine zweite Entwicklung der Blitzschutztechnik aufmerksam gemacht werden. Mit der Entwicklung des Fernsprechwesens nahmen die Schäden durch unmittelbare Blitzentladungen und Luftelektrizität (heute LEMP) an Fernsprechern und auch an Klappenschränken und Telegraphenleitungen zu. So wurde es notwendig, einen Anlagenschutz zu entwickeln, da der Gebäudeblitzschutz dafür keinen ausreichenden Schutz bot. Mit dem 1879 entwickelten Spindelblitzableiter, einem einfachen Überspannungsschutz, wurde dieser Schutz zufriedenstellend erreicht [5]. Mit der von 1882 bis 1888 geführten Statistik [6], aber noch deutlicher mit der

Zur Geschichte des Blitzschutzbaus 3

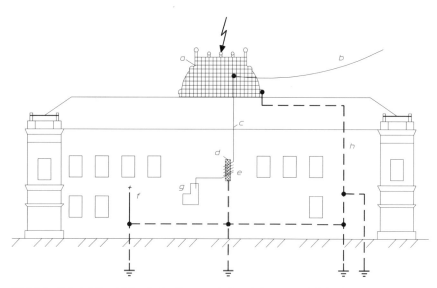

Bild 0.1: Spindelblitzableiter in der Fernsprech-Vermittlungsanstalt Pforzheim [5]
a eisernes Einführungsgerüst als Kuppel; b Fernmeldefreileitung; c seidenumsponnener Kupferdraht, 0,1 mm Durchmesser (Sprechader); d Spindelblitzableiter aus einem Messingstab, 30 mm lang und 5 mm Durchmesser; e Sprechader mit 100 Windungen, um den Spindelblitzableiter gewickelt; f geerdeter Plus-Leiter der Fernmeldestromversorgung; g Klappenschrank; h Drahtseil aus vier Einzelleitern mit je 4 mm Durchmesser zur Erdung der Kuppel

Beschreibung des Blitzschlages in die Fernsprech-Vermittlungsanstalt Pforzheim [7] konnte dies belegt werden. Wie aus dem Bild 0.1 hervorgeht, floß ein Teilblitzstrom über den mit Seide umsponnenen Kupferdraht nach Durchschlagen des Spindelblitzableiters zur Erde. Die Klappenschränke blieben unbeschädigt, übrigens auch die davor sitzenden Personen, die bis dahin von dem "heraussprühenden" Blitz erschreckt worden waren. Ab 1885 wurde der Hörnerblitzableiter als wirksamer Schutz für Hochspannungsanlagen eingesetzt.
Neben dem zweckmäßigen Anlagen- und Gebäudeschutz entstanden aber auch absonderliche Konstruktionen im Blitzschutz. Öffentliche Plätze wurden mit Ketten überspannt, der Regenschirm mit Blitzableiter wurde erfunden, und in Paris bot man Damen einen Hut mit eiserner Spitze und einem zur Erde führenden Draht an.
Im Jahre 1885 wurde der ABB (Ausschuß für Blitzschutz-Bau) als Unterausschuß des Elektrotechnischen Vereins gegründet, der in der Folgezeit die Betreuung der Blitzschutzvorschriften zum Gebäudeschutz übernahm. So

erschienen 1886 und 1890 die Druckschrift "Die Blitzgefahr" Nr.1 und 2 und 1901 die "Leitsätze zum Schutz der Gebäude gegen Blitz". Im Jahre 1918 wurde der ABB ein selbständiger Ausschuß. 1922 löste er sich vom Elektrotechnischen Verein, wurde eine selbständige Körperschaft mit eigenen Satzungen und richtete 1924 in Berlin eine eigene Geschäftsstelle ein [3]. Von 1924 bis 1937 erschienen vier Auflagen des vom ABB herausgegebenen Blitzschutzbuches. Nach dem Ende des Zweiten Weltkrieges wurde der ABB 1945 auf Befehl der Besatzungsmächte aufgelöst.

Im Juli 1949 wurde der ABB in Wuppertal wiedergegründet. Anwesend waren unter anderen Vertreter der Sachversicherer, des Hauptinnungsverbandes des Schlosser- und Maschinenbauerhandwerks, des Deutschen Vereins von Gas- und Wasserfachmännern, des Elektrohandwerks und der Kammer der Technik der damaligen sowjetischen Besatzungszone. Dort war bereits am 28./29. April 1949 die Fachkommission 8a "Gebäudeblitzschutz", der spätere Fachunterausschuß (FUA) 1.13 "Blitzschutz" in der Kammer der Technik, gegründet worden.

Das Blitzschutzbuch erschien von seiner 5. Auflage (1951) bis zur 7. Auflage (1963) als Gemeinschaftsarbeit beider Blitzschutzausschüsse. Für die 8. Auflage, die 1968 erschien, zeichnete nur der ABB verantwortlich. Zu diesem Zeitpunkt war eine Zusammenarbeit zwischen dem ABB und dem FUA 1.13 "Blitzschutz" immer schwieriger geworden, bis sie von staatlicher Seite (DDR) ganz unterbunden wurde.

Mit der Wiedervereinigung beider deutscher Staaten war die Existenz zweier Blitzschutzausschüsse unsinnig geworden. So wurde nach einer gemeinsamen Vorstandssitzung am 19. Juni 1990 in Erfurt der FUA 1.13 "Blitzschutz" in seiner letzten Sitzung am 11./12. Oktober 1990 aufgelöst.

Nach der Normenunion DIN-TGL im November 1990 [12] war auch die weitere Anwendung der Blitzschutznormen TGL 30044 [13], TGL 200-0616 [14] und TGL 33373 [23] gegenstandslos geworden.

Heute bedeutet die Abkürzung ABB "Ausschuß für Blitzschutz und Blitzforschung".

1 Weiterbildung auf dem Gebiet des Blitzschutzes

Eine funktionsfähige Blitzschutzanlage umfaßt eine Kombination von Maßnahmen (Bild 1.1), wie sie in der Norm DIN VDE 0185 [8] bzw. in der internationalen Norm IEC 1024-1 [9] beschrieben sind. Werden nur Teile des Blitzschutzes (Fang-, Ableiteinrichtung, Erdungsanlage, Schirmung, Blitzschutz-Potentialausgleich, Näherung) geplant, gebaut oder geprüft, so wird nicht nur der Kunde getäuscht, sondern auch gegen die geltenden Normen verstoßen.

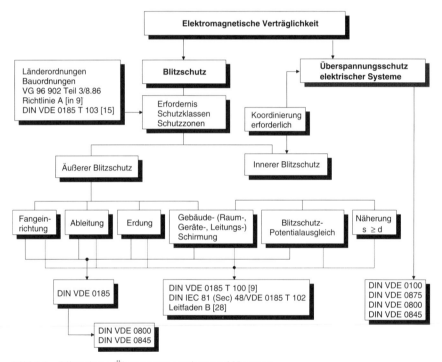

Bild 1.1: Blitzschutz, Überspannungsschutz und Normung

Vom Ausschuß "Blitzschutz und Blitzforschung (ABB)" im Verband Deutscher Elektrotechniker (VDE) wird dem Blitzschutzplaner und Blitzschutzbauer die Weiterbildungsmaßnahme "Fachkraft für Blitzschutz" [10] angeboten. Das Konzept der Weiterbildung setzt sich zusammen aus einem Grundlagenseminar und einem Aufbauseminar A oder B (Bild 1.2). Die

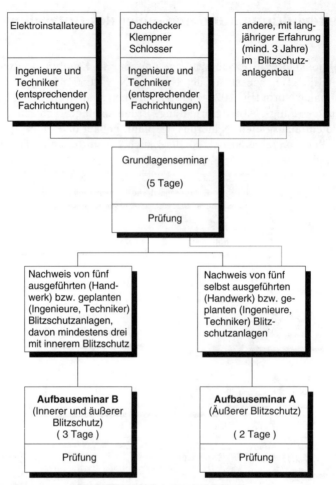

Bild 1.2: Ablaufdiagramm zu ABB-Weiterbildungsmaßnahmen "Fachkraft für Blitzschutz"

Grundlagen der Wissensvermittlung sind vom ABB ständig aktualisierte und dem fortschreitenden Stand der Technik angepaßte Seminarhandbücher. Im Grundlagenseminar werden Kenntnisse im äußeren und inneren Blitzschutz über Planung, Bau und Prüfung von Blitzschutzanlagen vermittelt. Damit wird der Einstieg in den modernen Blitzschutz ermöglicht. Teilnehmen können Meister und Gesellen sowie Ingenieure und Techniker der im Bild 1.2 genannten Fachrichtungen. Es können auch Personen teilnehmen, die eine

1 Weiterbildung auf dem Gebiet des Blitzschutzes 7

Ausnahmebewilligung der zuständigen Handwerkskammer für eines der vorgenannten Handwerke besitzen oder nachweislich erhalten werden. Das Grundlagenseminar schließt mit einer schriftlichen und einer mündlichen Prüfung ab, die gleiches Gewicht haben. Das Bestehen wird durch eine Prüfungsbestätigung dokumentiert. Personen mit anderen Ausbildungen können am Grundlagenseminar teilnehmen; sie sind allerdings von der Prüfung ausgeschlossen und erhalten nur eine Teilnahmebescheinigung.
Gute fachliche Voraussetzungen für den Einstieg in den Blitzschutz bildet eine Berufsausbildung zum Elektroinstallateur. Während der dreijährigen Berufsausbildung sind sechs Wochen für das Installieren, Prüfen, Inbetriebnehmen und Instandhalten von Erdungs- und Blitzschutzanlagen sowie von Potentialausgleichsanlagen vorgesehen. Eine Spezialisierung im Sinne des Blitzschutzes erfolgt allerdings nicht, da die theoretische und praktische Ausbildung das breite Spektrum von der Erdung (Erdungswiderstand, Erdungsmessungen, Verlegen von Erdern), Querschnittsermittlung für Erdungs- und Potentialausgleichsleitungen, Hauptpotentialausgleich, Potentialausgleich in Räumen besonderer Art bis zum äußeren und inneren Blitzschutz umfaßt.
In den Aufbauseminaren werden Kenntnisse im äußeren bzw. inneren Blitzschutz als Ergänzung und Vertiefung zum Grundlagenseminar vermittelt. Die Zulassungsvoraussetzung zur Prüfung und die Dauer der Seminare sind vom Seminarziel abhängig. Beim Aufbauseminar A sind folgende Bedingungen zu erfüllen:

- Erfolgreiche Teilnahme am Grundlagenseminar, d.h., es ist die Prüfungsbestätigung vorzulegen.
- Qualifikation als Geselle mit mindestens zweijähriger Berufspraxis oder Meister der Handwerke Dachdecker, Klempner, Schlosser, Elektroinstallateur; Ingenieur oder staatlich geprüfter Techniker entsprechender Fachrichtungen; andere mit langjähriger Erfahrung im Blitzschutzbau.
- Vorlage von fünf Berichten über gebaute oder geplante Blitzschutzanlagen, von denen mindestens eine einer umfangreichen baulichen Anlage aus dem gewerblichen oder öffentlichen Bereich entsprechen muß.

Für das Aufbauseminar B ist wieder die erfolgreiche Teilnahme am Grundlagenseminar Voraussetzung, allerdings sind nur Elektroinstallateure sowie Ingenieure und Techniker entsprechender Fachrichtungen zugelassen. Diese Einschränkung gegenüber dem Aufbauseminar A begründet sich in der Dominanz des Blitzschutz-Potentialausgleichs, bei dessen Realisierung Arbeiten an der Elektroanlage unumgänglich sind, z.B. Einbau von Blitzstromableitern. Hierbei ist die mitgeltende Norm DIN VDE 0105 [11] zu beachten, wonach solche Arbeiten nur von zugelassenen Elektrofirmen ausgeführt werden dürfen. Von den vorzulegenden fünf Berichten über selbst ausgeführte

Blitzschutzanlagen müssen deshalb mindestens drei inneren Blitzschutz enthalten und zumindest eine einer mittleren Industrieanlage entsprechen.
Beide Aufbauseminare enden mit einer schriftlichen und mündlichen Prüfung (gleiche Gewichtung), wobei der Teilnehmer als Prüfungsbestätigung eine Urkunde erhält.

2 Werkzeuge, Ausrüstung und Arbeitsschutz

2.1 Werkzeuge

Für die Errichtung und Instandhaltung von Blitzschutzanlagen wird ein umfangreiches Werkzeugsortiment benötigt. In Tabelle 2.1 sind alle Werkzeuge aufgeführt, die als Grundausstattung empfohlen werden. Es sind sowohl handelsübliche Werkzeuge als auch anzufertigende Spezialwerkzeuge. Die genannten Richteisen stellen die Grundform dieser für den Blitzschutzfachmann wichtigen Werkzeuge dar und werden auch in veränderter Form verwendet. Beim Einsatz der Bolzenschneider sind der Durchmesser und die Materialhärte der Drähte zu beachten. Eine Überlastung führt zum vorzeitigem Verschleiß oder zum Bruch der Schneidbacken.

Tabelle 2.1: Im Blitzschutzbau verwendete Handwerkszeuge

Bolzenschneider	460 mm, 610 mm, 910 mm lang
Richteisen für 16 mm Ø	900 mm lang, Anfertigung (zwei Stück)
für 8 / 10 mm Ø	260 mm lang (zwei Stück)
für Band	260 mm lang (zwei Stück)
Kombizange	180 mm lang
Montagezange	180 mm lang (Wasserpumpenzange)
Rabitzzange	280 mm lang (Monierzange)
Handnietzange	
Handlochzange	8,5 und 10,5 mm
Schlosserhammer	800 g
Fäustel	1000 g
Dachdeckerhammer	650 g (Spitzhammer)
Flachmeißel	300 mm lang
Spitzmeißel	300 mm lang
Flachfeile mit Heft	250 mm lang
Rundfeile mit Heft	250 mm lang
Schneideisen mit Halter	M 8, M 10, M 16
Windeisen mit Gewindebohrer	M 6, M 8, M 12
Spiralbohrer	3,6 mm Ø bis 12,5 mm Ø
Hartmetallbohrer	6 mm Ø, 8 mm Ø, 10 mm Ø, 12 mm Ø Arbeitslänge 50 mm bis 550 mm (in Sonderanfertigung bis 1250 mm)

Schraubendreher	Schneidenbreite 7 mm und 12 mm
Blechschere	280 mm lang
Doppelringschlüssel (gerade oder gekröpft)	8/10, 13/17, 14/17, 17/19, 19/22 mm
Doppelgabelschlüssel	8/10, 13/17, 14/17, 17/19, 19/24, 20/22 mm
Kreuzsteckschlüssel	10/12/17/19 mm
Umschaltknarre mit Einsätzen	10/12/13/14-17/19/22/24 mm
Steckschlüssel mit Heft	10 mm, 13 mm, 14 mm, 17 mm, 19 mm
Schlagzahlen	
Metallsäge	
Körner	125 mm
Dreikant-Hohlschaber	
Gliedermaßstab	
Ölkanne	
Lotschnur	30 m, 60 m
Drahtbürste	
Farbtöpfe, Pinsel	
Handpresse für dauerelastische Dichtstoffe	

2.2 Maschinen, Geräte und Ausrüstung

Schlagbohrmaschine (Bohrhammer) und *Bolzenschußgerät* werden zur Befestigung von Haltern für die Ableitungen verwendet. Die Schlagbohrmaschine (Bohrhammer) hat eine Vorrangstellung, da das Bolzenschußgerät aus Sicherheitsgründen nicht überall einsetzbar ist.

Flüssiggaslötgerät und *Benzinlötkolben* werden für das Auflöten von Anschlußwinkeln an Blechabdeckungen und das Erwärmen von Korrosionsschutzbinden und Schrumpfschläuchen benötigt.

Mit einem *Elektroschweißgerät* bis 130 A Schweißstromstärke kann man alle im Blitzschutzbau erforderlichen Schweißverbindungen herstellen.

Das *Drahtrichtgerät* wird zum Richten von Blitzschutzdrähten verwendet. Bei Verwendung von Aluminium- und Kupferdrähten kann das Ausrichten auch durch Verdrillen mit einer Bohrmaschine erreicht werden.

Bitumenkocher oder *Teeröfen* mit 30 oder 50 l Inhalt für Propangasfeuerung sind für das Erwärmen oder Schmelzen von Heißklebstoffen oder Fugenvergußmassen erforderlich. Zur weiteren Ausrüstung gehören Dachdeckereimer, ein Schöpfer sowie ein Trockenfeuerlöscher.

2.2 Maschinen, Geräte und Ausrüstung

Für die Montagearbeit im Wandbereich sind *Anlegeleitern* in unterschiedlichen Längen erforderlich. Bewährt haben sich Schiebeleitern aus Aluminium. Auf Steildächern oder Dächern mit Deckungen aus Plattendachsteinen (Biberschwänzen) werden *Dachleitern* benötigt. Ein *Turmfahrzeug*, wie es von Dachdeckern für Ausbesserungsarbeiten verwendet wird, läßt sich auch im Blitzschutzbau für die Montage der Ableitungen an turmartigen Bauwerken einsetzen.

Für den Transport von Werkzeug und Material auf Flachdächern, Gerüsten oder am Boden sind Holz- oder Blechkästen mit Tragegurt zu verwenden. Für die Montage auf Steildächern und an Schornsteinen sind Taschen zum Umhängen oder mit Schlaufen zur Befestigung am Sicherheitsgurt günstig.

Für die elektrische Prüfung von Blitzschutzanlagen benötigt der Blitzschutzfachmann *Meßgeräte*. Für Durchgangsmessungen reichen einfache Prüfgeräte aus. Zur kompletten Ausrüstung gehört ein Erdungsmeßgerät, mit dem Erdungswiderstände, ohmsche Widerstände und spezifische Bodenwiderstände gemessen werden können. Tabelle 2.2 enthält eine Übersicht über die im Blitzschutzbau verwendeten Meßgeräte. Als Zubehör werden im allgemeinen hochflexible Meßleitungen mit Querschnitten von 1,5 oder 2,5 mm Kupfer in den Längen 3 m, 25 m, 50 m, und 100 m geliefert; dazu noch zwei oder vier verzinkte Erdbohrer von 350 mm Länge. Drahthaspeln mit Griff erleichtern das Auf- und Abrollen der Meßleitung.

Tabelle 2.2: Im Blitzschutzbau verwendete Meßgeräte

Meßgerät Typ	Meßbereich	Meßfrequenz
Geohm 2 (analoge Anzeige)	0-5/50/500/5000 Ω	ca. 108 Hz
Geohm 3 (digitale LCD-Anzeige)	0,01 – 199,9 Ω (6 Meßbereiche)	108 Hz
Metrawatt Typ M5032 (digitale LCD-Anzeige)	0-20/200 Ω/2/20 kΩ	128 Hz
Elohmi Z (digitale LCD-Anzeige)	0-19/190/1900 Ω/ 20 kΩ	108 Hz
UNILAP GEO (digitale LCD-Anzeige)	0,001-2999 Ω	94/105/111/128 Hz umschaltbar
Erdungsmeßgerät 318.02 (analoge Anzeige)	0-1/10/100/1000 Ω	108 Hz

2.3 Sicherheit auf Baustellen [53]

2.3.1 Grundforderungen

Statistische Auswertungen der Berufsgenossenschaften weisen auf ein überdurchschnittlich hohes Unfallgeschehen auf Bau- und Montagestellen hin. Die Ursachen dafür sind ungünstige Witterung, wechselnde Arbeitsbedingungen, häufiges Arbeiten auf erhöhtem Standort und geneigten Dachflächen, das Zusammenwirken verschiedener Gewerke und schließlich die Gefahr beim Umgang mit elektrischen Betriebsmitteln. Der Unternehmer hat deshalb nicht nur für einen unterbrechungsfreien Arbeitsablauf, sondern auch durch entsprechende Maßnahmen für die Sicherheit der Arbeitnehmer – auch unter erschwerten Bedingungen – zu sorgen. Dabei ist z.B. zu berücksichtigen, welche Arbeitsplätze im Laufe der Arbeiten eingenommen werden müssen, wie diese sicher zu erreichen und einzurichten sind. Erforderliche Geräte und Hilfsmittel müssen bei Baubeginn zur Verfügung stehen und sich in ordnungsgemäßem Zustand befinden. Bei prüfpflichtigen Geräten ist die Einhaltung der Prüffristen zu beachten. Er hat ferner sicherzustellen, daß das für die Arbeit erforderliche Personal in ausreichender Zahl und Qualifikation (Fachkräfte, Aufsichtsperson) bereitsteht. Die Unfallverhütungsvorschrift "Allgemeine Vorschriften" (VBG 1) verpflichtet den Unternehmer, die Beschäftigten in regelmäßigen Abständen (mindestens einmal jährlich) zu unterweisen. Jeder Mitarbeiter muß die Gefahren, denen er ausgesetzt ist, kennen und wissen, wie er ihnen begegnen muß. Und er muß die Bereitschaft zeigen, sich richtig zu verhalten und alle Vorschriften, die seiner Sicherheit dienen, zu befolgen. Auf besondere Gefahren, die auf einzelnen Baustellen auftreten und die für die Mitarbeiter nicht ohne weiteres ersichtlich sind, müssen sie vor Beginn der Montagearbeiten hingewiesen werden. Zur Gewährleistung der Sicherheit und zur Verhütung von Unfällen sind eine Reihe von Gesetzen, Vorschriften, Regeln und Normen erlassen worden. Sie sind auf S. 17-19 zusammengestellt. Es empfiehlt sich, sie im Betrieb ständig zur Einsicht bereitzuhalten.

2.3.2 Leitung, Aufsicht, Koordinierung

Nach der Unfallverhütungsvorschrift "Bauarbeiten" (VBG 37) müssen Bauarbeiten von einer verantwortlichen Person geleitet und von einem weisungsbefugten Mitarbeiter beaufsichtigt werden. Der Aufsichtsführende muß nach

2.3 Sicherheit auf Baustellen

Möglichkeit immer auf der Arbeitsstelle anwesend sein. Bei Feststellung schwerwiegender Mängel, z.b. fehlende Absturzsicherungen an Luken oder Treppenpodesten in einem Rohbau, sind die Arbeiten im gefährdeten Bereich einzustellen, bis der Gefahrenzustand beseitigt ist.

2.3.3 Arbeiten auf erhöhtem Standort

Leitern

Bau- und Montagetätigkeiten müssen oft von höhergelegenen Arbeitsplätzen ausgeführt werden. In den meisten Fällen werden dabei Leitern benutzt. Sie dienen entweder für kurzfristige Tätigkeiten als Arbeitsplätze oder dazu, um zu höherliegenden Arbeitsstellen zu gelangen. Nach der Unfallverhütungsvorschrift "Leitern und Tritte" (VBG 74) dürfen Leitern nur zu Zwecken benutzt werden, für die sie nach ihrer Bauart bestimmt sind. Bei der Auswahl der Leitern ist insbesondere darauf zu achten, daß sie sich in einem einwandfreien Zustand befinden. Holzleitern müssen aus gesundem, astfreiem Holz bestehen, Sprossen gleiche Abstände haben und mit den Holzenden zuverlässig und dauerhaft verbunden sein. Leitern müssen die richtige Länge haben. Als Anhaltswert für die Leiterlänge sollte man von der maximalen Arbeitshöhe 0,8 m abziehen. Häufig dienen Leitern auch als Überstieg auf höhere Arbeitsplätze; in diesem Fall müssen sie die Austrittstelle um mindestens 1 m überragen. Der Neigungswinkel der Leiter sollte 65° bis 75° betragen. Gegen seitliches Wegrutschen beim Übersteigen, z.b. auf eine Dachleiter, ist die Anlegeleiter durch Anbinden zu sichern. Die Leiter muß sicher stehen. Die Standfläche muß ausreichend groß, tragfähig und rutschhemmend sein. Bei weichem Untergrund sind Bretter oder Bohlen unterzulegen. Bei unterschiedlichem Bodenniveau empfiehlt sich der Einsatz spezieller Leiterfüße, die einen stufenlosen Niveauausgleich gewährleisten.

Gerüste, Arbeitsbühnen

Leitern sind als Arbeitsplätze ungeeignet, wenn längerdauernde Arbeiten anfallen, wenn schweres Material benötigt oder Werkzeug mit größerem Kraftaufwand eingesetzt werden muß. In diesem Fall sind Gerüste, fahrbare Arbeitsbühnen oder Hebebühnen bereitzustellen. Im Regelfall werden bei Blitzschutzmontagen keine größeren Gerüste nach DIN 4420 (Arbeits- und Schutzgerüste) errichtet. Dies wird man im Bedarfsfall einer Gerüstbaufirma überlassen. Das entbindet den Benutzer aber nicht von seiner Verpflichtung, das Gerüst vor seiner Benutzung auf augenscheinliche Mängel hin zu überprüfen. Häufig werden fahrbare Arbeitsbühnen (Fahrgerüste) nach DIN 4422 verwendet, die üblicherweise vom Montagepersonal selbst aufgebaut werden. Damit dies fachgerecht geschieht, muß eine Aufbau- und Gebrauchsanweisung am Verwendungort vorhanden sein. Wichtige Voraussetzungen für eine sichere Verwendung sind:

- Gewährleistung der Standsicherheit,
- Aussteifung der Diagonalstreben,
- unverlierbare und feststellbare Rollen,
- sicherer Aufstieg, ab 5 m Höhe durch innenliegende Treppen,
- ausreichend tragfähiger Belag,
- Seitenschutz bei Absturzhöhen über 2 m.

Für die Benutzung der Arbeitsbühnen gelten folgende Verhaltensregeln:

- Fahrgerüste nur langsam in Längsrichtung oder über Eck verfahren,
- jeglichen Aufprall vermeiden,
- beim Verfahren nicht auf dem Gerüst aufhalten,
- beim Arbeiten nicht gegen den Seitenschutz stemmen,
- vor dem Verfahren lose Teile gegen Herabfallen sichern.

Hubarbeitsbühnen

Bau und Betrieb von "Hubarbeitsbühnen" sind in der Unfallverhütungsvorschrift "Hebebühnen" (VBG 14) geregelt. Es dürfen nur Hubarbeitsbühnen eingesetzt werden, die entweder bauartengeprüft sind oder durch einen Sachverständigen vor der ersten Inbetriebnahme geprüft wurden. Beträgt die Hubhöhe mehr als 2 m, so ist im Prüfbuch der Nachweis über die mindestens jährliche Prüfung durch einen Sachverständigen zu führen. Hebebühnen dürfen nur von unterwiesenen und vom Unternehmer schriftlich beauftragten Personen bedient werden. Arbeiten mehrere Personen zusammen, so ist ein Aufsichtsführender zu benennen

2.3.4 Bauliche Anlagen

Verkehrswege

Der sichere Zugang zur Baustelle muß gewährleistet sein. Falls erforderlich, sind Absturzsicherungen, sicher befahrbare Laufstege von mindestens 0,5 m Breite (ab 2 m Höhe mit Geländer oder Stufe ab etwa 30° Neigung) vorzusehen.

Nicht begehbare Bauteile

Zu den nicht begehbaren Bauteilen zählen u.a. Dachflächen, deren Dachhaut nur begrenzt tragfähig ist. Es handelt sich dabei um Wellasbestzementplatten, Kunststoffplatten, Drahtglas, Schieferdächer, aber auch um alte Dächer mit morschen Dachunterkonstruktionen. Derartige Dächer dürfen erst betreten werden, wenn sie mit lastverteilenden Belägen versehen wurden. Die Laufstege müssen aus zwei miteinander verbundenen Bohlen bestehen, senkrecht zu den Platten verlaufen und mindestens 0,5 m breit sein. Einzelheiten über die Ausführung der Stege sind den "Sicherheitsregeln für Arbeiten an und auf Dächern aus Wellplatten" zu entnehmen.

Bei der Montage von Blitzschutzanlagen auf mehr als 30° geneigten Dächern dürfen auch Dachdeckerauflegeleitern als Arbeitsplatz und Verkehrsweg benutzt werden.

Absturzsicherungen

Grundsätzlich gilt, daß bei Arbeiten mit Sturzgefahr je nach Art und Lage des Arbeitsplatzes und der auszuübenden Tätigkeit feste Einrichtungen vorhanden sein müssen, die ein Abstürzen verhindern.

Nur wenn Arbeiten an elektrischen Betriebsmitteln auf Dächern, z.B. Blitzschutzanlagen, ausgeführt werden, darf anstelle von Geländern, Fanggerüsten usw. eine Anseileinrichtung mit Sicherheitsgeschirren verwendet werden.

Maßnahmen gegen Absturz sind grundsätzlich ab einer Höhe von 2 m zu treffen. Die Sicherheitsgeschirre hat der Unternehmer zu stellen und zu überwachen. Wenn ein Abstürzen über die Dachtraufe und den Giebel ausgeschlossen werden kann, reicht ein Haltegurt mit einem Sicherheitsseil aus. Dieses Seil ist bei einsträngigem Anschlagen mit Falldämpfern und ggf. mit einem Seilkürzer auszustatten.

2.3.5 Arbeiten in Gruben und Gräben

Arbeitsgruben müssen in Abhängigkeit von der Tiefe und der Bodenbeschaffenheit gegen hereinbrechendes Erdreich gesichert werden. Im allgemeinen dürfen Baugruben und Gräben mit senkrechten Wänden bis 1,25 m Tiefe ohne Verbau hergestellt werden, in steifem bindigem Boden bis zu einer Tiefe von 1,75 m, wenn der mehr als 1,25 m über der Sohle liegende Bereich unter einem Winkel von höchstens 45° abgesenkt wird.

2.3.6 Verwendung von Flüssiggas

Da Propangas schwerer als Luft ist, kann sich bei der Verwendung in Gruben oder geschlossenen Räumen eine explosionsfähige Atmosphäre bilden. Beim Transport und bei der Verwendung ist deshalb unbedingt folgendes zu beachten:

- Die Flaschen dürfen beim Verladen nicht geworfen und harten Stößen ausgesetzt werden.
- Beim Transport ist das Flaschenventil zu schließen und die Schutzkappe aufzusetzen.
- Zum Transport benutzte geschlossene Fahrzeuge müssen Lüftungsöffnungen haben.
- Die Flaschen dürfen nicht zusammen mit leicht entzündlichem Ladegut befördert werden.
- Die Flaschen sind standsicher aufzustellen und vor mechanischer Beschädigung sowie übermäßiger Erwärmung zu schützen.
- Rauchen, offenes Feuer und Standheizung sind nicht gestattet.
- Auf geeignete und unbeschädigte und ordnungsgemäß angeschlossene Schläuche ist zu achten.
- Bei längerer Arbeitsunterbrechung sind die Flaschenventile zu schließen.

2.3.7 Elektrische Betriebsmittel auf Baustellen

Speisepunkt

Betriebsmittel auf Baustellen müssen von besonderen Speisepunkten (DIN VDE 0100 Teil 704) aus versorgt werden, z.B. über Baustromverteiler nach DIN VDE 0612 bzw. DIN VDE 0660 Teil 501 oder über Kleinstromverteiler und Trenntransformatoren.

Kabel und Leitungen

Als flexible Leitungen sind Gummischlauchleitungen des Typs H07RN-F bzw. A07RN-F oder mindestens gleichwertige Bauarten zu verwenden. Für handgeführte Elektrowerkzeuge dürfen Anschlußleitungen bis 4 m Länge vom Typ H05RN-F oder gleichwertige Bauarten verwendet werden. Besteht die Gefahr, daß Leitungen mechanisch beschädigt werden können, müssen sie geschützt verlegt werden.

Kabeltrommeln

Kabeltrommeln müssen mit Leitungen des Typs H07RN-F oder gleichwertigen Bauarten ausgerüstet sein (Mindestquerschnitt 1 mm) und Fehlerstromschutzeinrichtungen enthalten. Steckdosen müssen spritzwassergeschützt sein. Das Gehäuse der Kabeltrommeln sollte möglichst aus Isolierstoff bestehen.

Leuchten

Leuchten auf Baustellen müssen spritzwassergeschützt sein. Handleuchten, ausgenommen solche für Schutzkleinspannung, müssen schutzisoliert sein. Elektrische Betriebsmittel beim Einsatz auf Baustellen müssen entsprechend der Unfallverhütungsvorschrift "Elektrische Anlagen und Betriebsmittel" (VBG 4) regelmäßig geprüft werden.

2.3.8 Persönliche Schutzausrüstung

Trotz sorgfältiger Planung und ordnungsgemäßer Einrichtung lassen sich auf Baustellen damit allein nicht alle Unfallgefahren ausschließen. Deshalb sind vom Unternehmer zusätzlich die erforderlichen Schutzausrüstungen, wie Sicherheitsschuhe, Schutzhelme, Schutzbrille und Gehörschutz, zur Verfügung zu stellen. Die Beschäftigten sind verpflichtet, bei entsprechender Gefährdung die bereitgestellten Schutzmittel zu benutzen.

2.3.9 Gesetze, Vorschriften, Regeln, Normen

Unfallverhütungsvorschriften

(zu beziehen von der Berufsgenossenschaft der Feinmechanik und Elektrotechnik, Gustav-Heinemann-Ufer 130, 50968 Köln)

VBG 1	Allgemeine Vorschriften
VBG 4	Elektrische Anlagen und Betriebsmittel
VBG 8	Winden, Hub- und Zuggeräte
VBG 9	Krane
VBG 9a	Lastaufnahmeeinrichtungen im Hebezeugbetrieb
VBG 12	Fahrzeuge
VBG 14	Hebebühnen
VBG 15	Schweißen, Schneiden und verwandte Verfahren
VBG 37	Bauarbeiten

VBG 38a	Arbeiten im Bereich von Gleisen
VBG 40	Bagger, Lader, Planiergeräte, Schürfgeräte und Spezialmaschinen des Erdbaues (Erdbaumaschinen)
VBG 43	Heiz-, Flamm- und Schmelzgeräte für Bau- und Montagearbeiten
VBG 45	Arbeiten mit Schußapparaten
VBG 74	Leitern und Tritte
VBG 89	Arbeiten an Masten, Freileitungen und Oberleitungsanlagen
VBG 109	Erste Hilfe
VBG 113	Umgang mit krebserzeugenden Gefahrstoffen
VBG 119	Gesundheitsgefährlicher mineralischer Staub
VBG 121	Lärm

Richtlinien, Sicherheitsregeln, Grundsätze, Merkblätter und andere berufsgenossenschaftliche Schriften (ZH1)

(zu beziehen von Carl Heymanns Verlag KG, Luxemburger Straße 449, 50939 Köln)

ZH 1/9	Merkblatt für Kleingerüste
ZH 1/11	Sicherheit bei Arbeiten an elektrischen Anlagen
ZH 1/25	Prüfbuch für Winden, Hub- und Zuggeräte
ZH 1/45	Merkblatt: Leitern bei Bauarbeiten
ZH 1/49	Sicherheit durch Koordinieren
ZH 1/55	Richtlinien für Sicherheits- und Rettungsgeschirre
ZH 1/55.1	Merkblatt für Sicherheits- und Rettungsgeschirre
ZH 1/61	Merkblatt: Hochbauarbeiten
ZH 1/71	Sicherheit bei Arbeiten mit Handwerkzeugen
ZH 1/77	Richtlinien für Arbeiten in Behältern und engen Räumen
ZH 1/91	Sicherheitslehrbrief für Bau- und Montagearbeiten
ZH 1/266	Merkblatt: Leitern
ZH 1/407	Merkblatt: Dachdecker-Auflegeleitern
ZH 1/455	Richtlinien für die Verwendung von Flüssiggas
ZH 1/465	Merkblatt: Mechanische Leitern
ZH 1/489	Sicherheitsregeln für Arbeiten an und auf Dächern
ZH 1/537	Sicherheitsregeln für Grabenverbaugeräte
ZH 1/584	Sicherheitsregeln für Seitenschutz und Schutzwände als Absturzsicherung bei Bauarbeiten

2.3 Sicherheit auf Baustellen 19

Gesetze, Verordnungen und dazugehörende technische Regeln und Richtlinien

(zu beziehen von Carl Heymanns Verlag KG, Luxemburger Straße 449, 50939 Köln)
- Verordnung über Arbeitsstätten (Arbeitsstättenverordnung) in Verbindung mit Arbeitsstätten-Richtlinien
- Verordnung über gefährliche Stoffe (Gefahrstoffverordnung)
- Technische Regeln für Gefahrstoffe
- Winterbauverordnung
- Straßenverkehrsordnung
- Bauordnung der Länder

DIN-VDE-Normen

(zu beziehen von VDE-Verlag GmbH, Bismarckstraße 33, 10625 Berlin)
DIN VDE 0100 Teil 704   Errichten von Starkstromanlagen mit Nennspannungen bis 1000 V; Baustellen
DIN VDE 0660 Teil 501   Niederspannungsschaltgerätekombinationen; Besondere Anforderungen an Baustromverteiler
DIN VDE 0612   Baustromverteiler
DIN VDE 0105 Teil 1   Betrieb von Starkstromanlagen; Allgemeine Bedingungen

DIN-Normen

(zu beziehen von Beuth Verlag GmbH, Burggrafenstraße 6, 10787 Berlin)
DIN 4124   Baugruben und Gräben; Böschungen, Arbeitsraumbreiten, Verbau
DIN 4420   Arbeits- und Schutzgerüste
DIN 4422   Fahrbare Arbeitsbühnen (Fahrgerüste)
DIN 4470   Sicherheitsgeschirre, Haltegurte; Sicherheitstechnische Anforderungen, Prüfung
DIN 4471   Sicherheitsgeschirre, Sicherheitsseile
DIN 7478   Sicherheitsgeschirre, Auffanggurte; Sicherheitstechnische Anforderungen, Prüfung

3 Grundlagen des Blitzschutzes

3.1 Der Blitz und seine Wirkungen

Ein Gewitter kann durch Aufsteigen warmer, feuchter Luftmassen entstehen. Die Gewitterwolken können bis in Höhen von etwa 10 km Höhe reichen, wobei die Wolkengrenze ca. 1 bis 2 km über der Erde liegt. Innerhalb der Gewitterwolke herrscht starker Aufwind, der für die elektrische Ladungstrennung verantwortlich ist. Wird die elektrische Feldstärke in der Gewitterwolke von einigen 100 kV/m überschritten, so kommt es zum Ladungsausgleich in Form eines Blitzes zwischen Wolke und Wolke oder Wolke und Erde.

Bei Wolke-Wolke-Entladungen ist mit dem elektromagnetischen Blitzfeld und bei Wolke-Erde-Entladung mit einem direkten Blitzeinschlag sowie dem elektromagnetischen Blitzfeld zu rechnen. Die Blitzströme bestehen aus Stoßströmen und gegebenenfalls auch aus Langzeitströmen. Sie werden von den getroffenen Objekten kaum beeinflußt. Für den Blitzschutzbau sind die vier *Blitzstromparameter* mit den damit verbundenen Wirkungen besonders bedeutsam (Bilder 3.1 und 3.2):

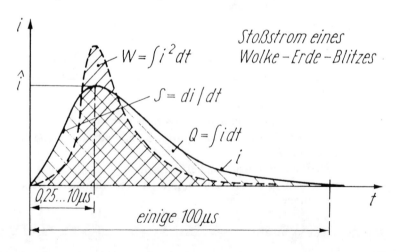

Bild 3.1: Blitzstromparameter
$\hat{i}$ Blitzstrom-Scheitelwert, Einheit kA
Q Ladung, Einheit As
$\int i^2 \, dt$ Energieinhalt, Einheit $A^2 s = J/\Omega$
$(di/dt)_{max}$ maximale Blitzstromsteilheit, Einheit kA/µs

3.1 Der Blitz und seine Wirkungen

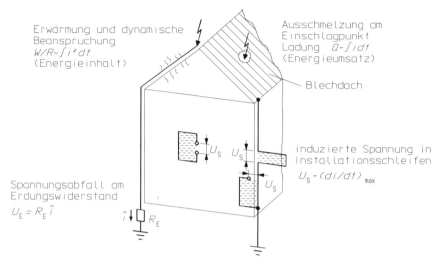

Bild 3.2: Wirkung der Blitzstromparameter

- Der *Maximalwert des Blitzstromes* $\hat{\imath}$ ist verantwortlich für die Spannungsanhebung der Erdungsanlage.

  Beispiel: $U_E = 100 \text{ kA} \cdot 1 = 100 \text{ kV}$
  $U_E = 5 \text{ kA} \cdot 1 = 5 \text{ kV}$

  Mit der Spannungsanhebung der Erdungsanlage ist häufig der Isolationsdurchschlag in elektrischen Geräten, Anlagen, Kabeln und Leitungen verbunden. Dies gilt besonders für elektrische Bauteile, die eine sehr geringe Isolationsfestigkeit aufweisen.

- Die *Ladung Q* ist für Ausschmelzungen am Einschlagpunkt verantwortlich. Dies muß besonders bei Metallverkleidungen von Dächern und Außenwänden, die als Fangeinrichtung dienen, berücksichtigt werden. Soll ein Ausschmelzen vermieden werden, sollten Metalldicken nach DIN VDE 0185 Teil 100 [9], in Tabelle 3.1 zusammengestellt, gewählt werden. Wenn eine Durchlöcherung zugelassen werden kann und nicht mit der Entzündung von darunterliegenden brennbaren Materialien zu rechnen ist, darf die Metalldicke mindestens 0,5 mm betragen. In Tabelle 3.1 sind zum Vergleich die Mindestblechdicken für Fangeinrichtungen nach DIN VDE 0185 Teil 1 [8] mit dargestellt.

- Der *Stromquadratimpuls* ist verantwortlich für die Erwärmung und die dynamische Beanspruchung von blitzstromdurchflossenen Leitern. Wenn die volle Blitzstromtragfähigkeit von Leitern gewährleistet werden soll, sind die Mindestmaße nach DIN VDE 0185 Teil 100 [9], in Tabelle 3.2 zusammengestellt, anzuwenden. Bei der Teilblitzstromtragfähigkeit wird die Aufteilung des Blitzstromes auf mehrere Leiter berücksichtigt. Die Werte für Fang- und Ableitungen nach IEC liegen wesentlich unter den Mindestmaßen nach DIN VDE 0185 Teil 1 [8], weil nur die Stromtragfähigkeit (elektrische Forderung) und keine mechanischen Festigkeitsforderungen (z.b. Windlast) berücksichtigt werden.

- Die *Blitzstromsteilheit* ist verantwortlich für die Höhe der induzierten Spannung in Installationsschleifen, die sich in der Nähe von blitzstromdurchflossenen Leitern befinden. Die Höhe der Spannung kann beeinflußt werden, indem die Schleife kleingehalten und/oder eine große Entfernung zum Blitzleiter gewählt wird.

Tabelle 3.1: Mindestdicke von Blechen als Fangeinrichtungen nach IEC 1024-1 [9] und DIN VDE 0185 Teil 1 [8]

Material	Dicke in mm	
	IEC 1024-1 SK I-IV	DIN VDE 0185 T 1, Tabelle 1
Aluminium	7[1]	0,5
Zink	–	0,7
Kupfer	5[1]	0,3
Stahl, verzinkt	4[1]	0,5
Blei	–	2,0

SK : Schutzklasse

[1] gilt auch für Metallrohre als Fangeinrichtung

3.1 Der Blitz und seine Wirkungen

Tabelle 3.2: Mindestquerschnitte von Blitzschutzleitern in mm^2 [1] nach IEC 1024.1 [9] und DIN VDE 0185 Teil 1 [8]

Verwendung des Leiters		IEC 1024-1 SK I-IV			DIN VDE 0185 T1		
		Cu	Al	Fe	Cu	Al	Fe
Fangleitung		35	70	50	50	78[3]	50[2]
Ableitung		16	25	50	50	78[3]	50[2]
Erder		50	—	80	50	—	78
Potentialausgleich	blitzstromtragfähig	16	25	50	10	16	50
	teilblitzstromtragfähig	6	10	16			

[1] für Rundleiter gilt

Querschnitt mm^2	ungefährer Durchmesser mm
4	2,3
6	2,8
10	3,6
16	4,5
25	5,7
35	6,7
50	8,0
70	9,5
78	10,0
80	10,0

[2] Stahl verzinkt

[3] 50 mm^2 für Al-Knetlegierung

3.2 Aufgabe, Erfordernis und Ausführung des Blitzschutzes

3.2.1 Aufgaben des Blitzschutzes

Die Aufgabe des Blitzschutzes ist es in erster Linie, Leben und Gesundheit von Menschen und Tieren gegen einen direkten Blitzschlag (*direkte Blitzeinwirkung*) zu schützen. Gleichbedeutend damit ist der Schutz von Sachwerten gegen die Vernichtung durch mechanische Zerstörung oder Brand. Innerhalb des zu schützenden Gebäudes dürfen gefährliche Funkenbildung oder Störspannungen, verursacht durch den Blitzstrom oder das elektromagnetische Blitzfeld, nicht hingenommen werden (*indirekte Blitzeinwirkung*). Eine fachgerecht installierte Blitzschutzanlage ist der sicherste Weg, sich vor den

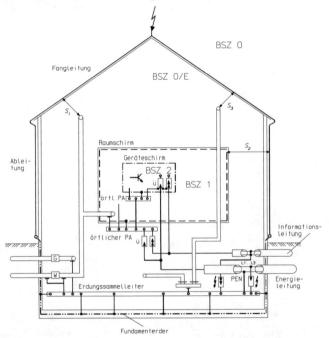

Bild 3.3: Blitzschutzzonen
           Blitzstromableiter
Ü   Überspannungsableiter
           Schnittstellen: Gebäudegrenze   BSZ 0   → BSZ 0/E
                                    Raumschirm   BSZ 0/E → BSZ 1
                                    Geräteschirm   BSZ 1   → BSZ 2
           $s_1 ... s_3$ Näherungen

3.2 Aufgabe, Erfordernis und Ausführung des Blitzschutzes 25

Folgen direkter und indirekter Blitzeinwirkungen zu schützen. Unter Blitzschutz versteht man die Gesamtheit aller Maßnahmen des äußeren und inneren Blitzschutzes (Bild 1.1 und Bild 3.3). Werden nur Teile davon geplant und gebaut, so besteht für das zu schützende Objekt eher eine Gefährdung als ein Schutz.

Das zu schützende Objekt kann nach [9] einer *Schutzklasse (SK)* zugeordnet werden. Die Schutzklasse mit den zugeordneten Blitzstromparametern ist die Basis für die Bemessung (Tabelle 3.3) und den erreichbaren Wirkungsgrad der Blitzschutzanlage (Tabelle 3.4). Wie man sieht, ist selbst bei der Schutzklasse I (höchste Schutzanforderung, z.B. bei Kernkraftwerken) kein 100%iger Schutz zu erreichen.

Tabelle 3.3: Blitzstromparameter entsprechend der Schutzklasse [9]

Blitzstromparameter	Schutzklasse		
	I	II	III-IV
Blitzstrom $\hat{i}$ in kA	200	150	100
Stoßstromladung Q_s in As	100	75	50
spezifische Energie des Stromes W/R in MJ/Ω	10	5,6	2,5
Blitzstromsteilheit di/dt in kA/μs	200	150	100

Tabelle 3.4: Wirkungsgrad von Blitzschutzanlagen [9]

Schutzklasse	Wirkungsgrad der Blitzschutzanlage
I	0,98
II	0,95
III	0,9
IV	0,8

Die Fangeinrichtung soll den Einschlag des Blitzes fixieren, und die Ableitung und die Erdungsanlage sollen den Blitzstrom sicher in das Erdreich einleiten. Damit wird das Bauwerk an der Bauwerksgrenze gegen grobe Schäden geschützt. Früher verstand man hierunter im wesentlichen den Gebäudeblitzschutz. Diese Einschränkung ist heute unvollständig und irreführend, weil damit die Blitzauswirkungen in Anlagen und Bauwerken, besonders in den elektrotechnischen Anlagen, nicht mit erfaßt werden. Ein Schutz gegen die eindringenden Blitzströme ist nur zu erreichen, wenn

- der *Blitzschutz-Potentialausgleich* (einschließlich des Schutzes der aktiven Leiter) hergestellt wird sowie
- *gefährliche Näherungen* von metallenen Leitungssystemen und elektrotechnischen Anlagen zur Fangeinrichtung bzw. zur Ableitung beseitigt werden.

Nach DIN VDE 0100 Teil 410 [26] ist ein *Potentialausgleich* in allen Gebäuden mit elektrotechnischen Anlagen zwingend vorgeschrieben. Bei diesem Potentialausgleich werden im Gebäude die metallenen Leitungsysteme mit dem Schutzleiter der Starkstromanlage verbunden, um gefährliche Berührungsspannungen im Zusammenhang mit dem Betrieb elektrischer Verbraucheranlagen zu verhindern. Das Beseitigen von Potentialunterschieden bei Blitzeinwirkungen erfordert allerdings Maßnahmen, die über die Anforderungen nach DIN VDE 0100 Teil 410 hinausgehen (s. Abschnitt 4.6).
Soll auch ein ausreichender Schutz gegen das elektromagnetische Blitzfeld erreicht werden, so muß eine *Schirmung* in Form der Gebäude-, Raum-, Anlagen- und/oder Leitungsschirmung vorgesehen werden. Die äußere Blitzschutzanlage (Fangleitungen, Ableitungen und Erdungsanlage) bildet keinen Schirm, weil das elektromagnetische Blitzfeld selbst bei geringen Maschenweiten von 5 m x 5 m ungedämpft eindringt.
Der *Überspannungsschutz* elektrischer Anlagen (s. Bild 1.1) ist *nicht* Bestandteil des Blitzschutzes. Hierauf muß der Kunde hingewiesen werden. Wenn aber ein Überspannungsschutz gewünscht wird, ist eine Koordinierung mit den Blitzschutzmaßnahmen unbedingt notwendig.

3.2.2 Erfordernis von Blitzschutzmaßnahmen

DIN VDE 0185 [8] gilt für das Errichten einschließlich Planen, Erweitern und Ändern von Blitzschutzanlagen. Diese Norm enthält allerdings keine Angaben über die Blitzschutzbedürftigkeit baulicher Anlagen. Als Entscheidungshilfen stehen zur Verfügung:

3.2 Aufgabe, Erfordernis und Ausführung des Blitzschutzes

- Verordnungen und Richtlinien auf Bundes- und Landesebene,
- die Bauordnungen der Länder,
- die Gefährdungszahlen für Blitzschutzanlagen in den Liegenschaften der Bundeswehr,
- Beispielsammlung blitzschutzbedürftiger baulicher Anlagen,
- englische Blitzschutzformel,
- Merkblätter, Richtlinien und Sicherheitsvorschriften vom Verband der Sachversicherer (VdS).

Wenn durch die Bauordnung des Landes oder durch andere bauliche Verordnungen eine Blitzschutzanlage nicht zwingend vorgeschrieben wird, so liegt die Entscheidung über die Notwendigkeit einer Blitzschutzanlage im Ermessen der Bauaufsichtsbehörde, des Besitzers oder Betreibers. Die bisherigen Entscheidungshilfen beschreiben das Erfordernis von Blitzschutz nur unzureichend. Es wird lediglich eine Ja-Nein-Entscheidung angeboten, so daß es dem Blitzschutzfachmann überlassen wird, über die Tiefe der Planung bzw. den Umfang der Blitzschutzanlage (s. Bild 1.1) zu entscheiden.

Daß dies nicht immer sachgerecht geschieht, zeigt die besorgniserregende Zunahme der Blitzschäden an elektronischen Systemen. Derzeit fehlen für den Praktiker einfache Berechnungsmethoden, um die Schutzbedürftigkeit eines Bauwerks unter Berücksichtigung seines Inhalts und seiner Nutzung sowie die Zuordnung zu einer Schutzklasse zu ermitteln. Ausgehend von der Richtlinie A in [9] ist in der Tabelle 3.5 eine Bauwerksklassifizierung nach dem derzeitigen Diskussionsstand für allgemeine bauliche Anlagen wiedergegeben. Dabei werden gemäß Definition nach [9] unter "allgemeinen baulichen Anlagen" Bauwerke für Handel, Industrie, Landwirtschaft, Behörden und Wohnungen verstanden. Allerdings gilt [9] nur für Bauwerke bis 60 m Höhe. Der Geltungsbereich umfaßt auch **nicht**

- Bahnanlagen,
- elektrische Übertragungs-, Verteilungs- und Erzeugungsanlagen außerhalb einer baulichen Anlage,
- Fernmeldeanlagen außerhalb einer baulichen Anlage,
- Kraftfahrzeuge, Schiffe, Flugzeuge, Offshore-Anlagen.

Die Bauwerksklassifikation in Tabelle 3.5 kann für den Blitzschutzfachmann nur als vereinfachte Anleitung dienen. Die Probleme sind so kompliziert, daß nur eine gründliche Gefährdungsanlayse zur Ermittlung der richtigen Schutzklasse führen kann. Diese Analyse erfordert spezielle Kenntnisse auf dem Gebiet des Blitzschutzes, der EMV und der Umweltgefährdung. Die Klassifizierung nach DIN VDE 0185 Teil 1 entspricht der Schutzklasse III und nach Teil 2 im wesentlichen der Schutzklasse II.

Tabelle 3.5: Beispiele für Bauwerksklassifikation [9]

Bauwerksklassifikation	Bauwerksart	Schaden bei Blitzeinschlag	Schutzklasse	Kugelradius
umweltgefährdende Bauwerke	Nuklearanlagen; biochemische Laboratorien und Anlagen	Feuer und Fehlfunktion der Anlage mit schädlichen Folgen für die örtliche und die gesamte Umwelt	I	20 m
begrenzt gefährdete Bauwerke	Fernmeldeanlagen; Kraftwerke; Industrieanlagen mit Brandgefahren; Krankenhäuser und Kliniken mit Räumen der Anwendungsgruppe 2; Dome, Kirchen und Museen mit hohem kulturellem Wert	für kürzere oder längere Zeiträume unannehmbarer Verlust von Dienstleistungen für die Öffentlichkeit; Folgegefahren für die unmittelbare Umgebung durch Brände usw; Verlust von unersetzlichem Kulturerbe	II	30 m
übliche Bauwerke	Wohnhäuser	Durchschlag der elektrischen Anlage, Brand sowie Materialschäden	III	45 m
	Bauernhöfe	primär: Gefährdung durch Feuer sowie gefährliche Schrittspannungen; sekundär: Gefährdung durch Ausfall der Elektroenergie und Lebensgefahr für den Viehbestand infolge Ausfalls der elektronischen Steuerung bzw. Regelung, der Lüftung sowie der Futterversorgungsanlage usw.		
	Theater, Schulen, Warenhäuser, Museen, Kirchen	Beschädigung der elektrischen Anlage (z. B. der elektrischen Beleuchtung) und ähnliche Ursachen für Panik; Ausfall von Brandmeldeeinrichtungen, dadurch verspätete Gegenmaßnahmen		

3.2 Aufgabe, Erfordernis und Ausführung des Blitzschutzes

Bauwerksklassifi-kation	Bauwerksart	Schaden bei Blitzeinschlag	Schutz-klasse	Kugel-radius
	Banken, Versicherungs-gesellschaften, Handelsgesellschaften	wie vorstehend, zusätzlich Probleme, die sich aus dem Kommunikationsverlust, dem Ausfall von Computern und dem Datenverlust ergeben		
	Krankenhäuser (ohne Räume der Anwendungs-gruppe 2), Pflegeheime; Gefängnisse	wie vorstehend, zusätzlich Probleme für Menschen, die intensiver Pflege bedürfen, und Schwierigkeit bei der Befreiung hilfloser Menschen		
	Industrieanlagen	zusätzliche Auswirkungen, die vom Inhalt in den Werken abhängig sind und von nebensächlichen bis zu unannehmbaren Beschädigungen und Produktionsausfall reichen		
	Wetterschutzhütten, Fluchtunterstände		IV	60 m

3.2.3 Ausführung von Blitzschutzanlagen

Fangeinrichtung, Ableitung und Erdungsanlage können als hinzugefügte (übergestülpte) Anlage oder unter Nutzung von natürlichen Bestandteilen der baulichen Anlage realisiert werden. Bei der *hinzugefügten Anlage* werden Leitungen, Stangen und Stäbe auf dem Dach, am Baukörper und in der Erde verlegt. Dabei können die Fangeinrichtung und die Ableitungen isoliert oder nichtisoliert installiert werden. Eine isolierte Anlage ergibt sich, wenn der Blitzstromweg, z.b. aus brandschutztechnischen Gründen, nicht mit dem zu schützenden Raum in Berührung kommen soll.

Natürliche Bestandteile einer Blitzschutzanlage sind Teile der baulichen Anlage, die zwar die Blitzschutzfunktion erfüllen, aber nicht speziell zu diesem Zweck installiert werden:

- natürliche Fangeinrichtung **auf**, **in** und **unter** dem Dach und **am** Baukörper
  - metallene Installationen, z.B. Rohrleitungen, Leitern, Lüfter, Kanäle,
  - Blechdach und Blechfassaden
  - Bewehrungsstähle, Stahlbinder, Stahlträger, die unter einer nichtmetallenen Dacheindeckung liegen. Voraussetzung ist, daß Einschläge in die Dacheindeckung zugelassen werden,

- natürliche Ableitung **im** und **am** Baukörper
  - Stahlstützen,
  - Bewehrungsstähle,
  - Blechfassaden, metallene Fensterbänder,

- natürliche Erder **im** Fundament
  - Stahlbauteile als Verankerung, eingespannte Stahlstützen,
  - Bewehrungsstähle.

  Diese Art der Erdung wird auch als natürlicher Fundamenterder bezeichnet. Beim künstlichen Fundamenterder wird in das Fundament extra ein Stahl zum Zweck der Erdung eingelegt.

- Schirmung **auf** dem Dach, **im** und **am** Baukörper, **im** Fundament
  - Bewehrung,
  - Blechdach und Blechfassade, metallene Fensterbänder,
  - Stahlskelett.

  Diese natürlichen Bestandteile können auch als Potentialausgleichsleitungen für den *Blitzschutz-Potentialausgleich* genutzt werden.

Die Ausführung des Blitzschutz-Potentialausgleichs umfaßt den Zusammenschluß von metallenen Installationen sowie der aktiven Adern von Energie-

und Fernmeldeleitungen mit der äußeren Blitzschutzanlage. Der Zusammenschluß erfolgt im Umkreis des Gebäudes, am Gebäude, an der Gebäudegrenze und im Gebäude. Im Bereich der Fangeinrichtung und der Ableitungen können *Näherungen* zu den metallenen Installationen sowie den Energie- und Fernmeldeleitungen entstehen, die durch Abstandsvergrößerung oder Zusammenschluß beseitigt werden müssen.

3.3 Blitzschutzzonen-Konzept

Wenn leitungsgebundene Blitzströme, induzierte Blitzspannungen und das elektromagnetische Blitzfeld empfindliche elektrische Anlagen in einem Objekt nicht stören oder zerstören sollen, wird eine Methode benötigt, mit der durch eine klare Strukturierung der zu schützenden Anlage die Bedrohungsparameter stufenweise abgebaut werden können. Als sehr praktisch hat sich hierfür das EMV-orientierte Blitzschutzzonen-Konzept erwiesen. Dabei wird das zu schützende Objekt in räumliche *Blitzschutzzonen* (BSZ) aufgeteilt, die durch elektromagnetische Schirme abgeschlossen werden (s. Bild 3.3). Als Schirm können alle metallenen Komponenten, wie Metallfassaden, Bewehrungsmatten, metallene Maschengitter, Folien, Bleche, Metallgehäuse, genutzt werden. Der Schirm, der praktisch die Schnittstelle zwischen zwei Schutzzonen bildet, muß die Schutzzonen räumlich umschließen. Öffnungen, wie Türen, Fenster, im Gebäudeschirm sind aus blitzschutztechnischer Sicht zulässig, Geräte- und Leitungsschirme müssen dagegen absolut geschlossen sein. An der Schnittstelle BSZ 0 → BSZ 0/E ist kein Schirm vorhanden. An dieser Schnittstelle ist die äußere Blitzschutzanlage errichtet, die das Bauwerk gegen direkte Blitzeinschläge schützt (E symbolisiert den Einschlagschutz). Die erforderlichen Maßnahmen an den Schnittstellen und in den Blitzschutzzonen sind in Tabelle 3.6 zusammengestellt.
Die Leistung des Blitzschutzfachmanns endet üblicherweise mit der BSZ 0/E, wobei Näherungen wie s_1 und s_3 nach Bild 3.3 nicht außer acht gelassen werden dürfen (Tabelle 3.7).
Die Anwendung des Blitzschutzzonen-Konzeptes ist nur auf der Grundlage von DIN VDE 0185 Teil 100 [9] und DIN VDE 0185 Teil 103 [15] möglich.

Tabelle 3.6: Maßnahmen an den Schnittstellen und in den Blitzschutzzonen

Schutzzone oder Schnittstelle	Bedrohung	Maßnahme
BSZ 0	voller Blitzstrom, volles Blitzfeld	– Blitzstromtragfähigkeit aller Maßnahmen entsprechend gewählter SK (Tabelle 3.12) – Fangeinrichtung, Ableitung, Erdungsanlage
BSZ 0 → BSZ 0/E	voller Blitzstrom, volles Blitzfeld	– Blitzstromtragfähigkeit entsprechend gewählter SK – Blitzschutz-Potentialausgleich einschließlich Blitzstromableiter – Beseitigung von Näherungen zur Fangeinrichtung und Ableitung (z.B. s_1 im Bild 3.4). Beachte: Bei Zusammenschluß werden Teilblitzströme in das Bauwerk eingekoppelt.
BSZ 0/E	volles Blitzfeld	– Bemessung für volles Blitzfeld – Anschluß aller metallenen Installationen, die sich innerhalb der BSZ 0/E befinden, an den Blitzschutz-Potentialausgleich
BSZ 0/E →BSZ 1	volles Blitzfeld	– örtlicher Potentialausgleich einschließlich Überspannungsableiter – Schirmung – Beseitigung von Näherungen zur Fangeinrichtung und Ableitung (z.B. s_2 im Bild 3.3). Beachte: Bei Zusammenschluß werden Teilblitzströme in BSZ 1 (Raum) eingekoppelt.
BSZ 1	reduziertes Blitzfeld	– Bemessung für reduziertes Blitzfeld – Anschluß aller metallenen Installationen, die sich innerhalb der BSZ 1 befinden, an den örtlichen Potentialausgleich. Beachte: Bei durch die BSZ 1 führenden Leitungen, wie Heizungsrohre (z.B. s_3 im Bild 3.3), Wasserrohre, Klimakanäle, Elektroleitungen, muß die Näherung zur Fangeinrichtung und Ableitung beachtet werden. Bei Zusammenschluß ist ggf. die Einkopplung von Teilblitzströmen in die BSZ 1 (Raum) zu beachten.

3.3 Blitzschutzzonen-Konzept

Schutzzone oder Schnittstelle	Bedrohung	Maßnahme
BSZ 1 → BSZ 2	weiter reduziertes Blitzfeld	– Bemessung für weiter reduziertes Blitzfeld – Schirmung – örtlicher Potentialausgleich einschließlich Überspannungsableiter
BSZ 2	reduziertes Blitzfeld	– Bemessung für reduziertes Blitzfeld – Anschluß der metallenen Installationen und Geräte, die sich innerhalb der BSZ 2 befinden, an den örtlichen Potentialausgleich

Tabelle 3.7: Zuständigkeiten

Gebäudenutzung	Zuständigkeit									
	Blitzschutzfachmann				EMV-Fachmann[1]					
	BSZ 0	BSZ 0 → BSZ 0/E	BSZ 0/E	BSZ 0/E → BSZ 1	BSZ 1	BSZ 1 → BSZ 2	BSZ 2	BSZ 2 → BSZ 3	BSZ 3
ohne erhebliche elektronische Anlagen, kaum Vernetzung (meist SK III, IV), keine Schirmung gefordert	x	x	x	–	–	–	–	–	–
mit elektronischen Anlagen, hoher Vernetzungsgrad (meist SK II, I), Schirmung gefordert	x	x	x	x	x	x	x	x	x

[1] Blitzschutzfachmann mit EMV-Kenntnissen

3.3.1 Ermittlung der Blitzschutzzonen

Die Fangeinrichtung kann, ausgehend von der festgelegten Schutzklasse (s. Tabelle 3.3) mit den folgenden Methoden, auch in beliebiger Kombination, bemessen werden:

- Verwendung der Blitzkugel (Radius r),
- Verwendung des Schutzwinkels α,
- Verwendung der Maschenweite w.

Die Werte für r, α oder w sind in Tabelle 4.1, S. 50 zusammengestellt.
Als übergeordnete Methode gilt weltweit das *Blitzkugelverfahren*, bei dem eine Kugel um und über ein Modell der zu schützenden Anlage gerollt wird (Bild 3.4). Die Größe der Kugel hängt von der Schutzklasse ab (s. Tabelle 3.5). Überall dort, wo die Kugel das zu schützende Bauwerk berührt, sind Fangeinrichtungen zu errichten. Diese Methode sollte immer bei vielgliedrigen Bauwerken, z.B. Kirchen, Domen (s. Bild 5.3), ausgedehnten Industrieanlagen mit unterschiedlichen Höhen und bei hohen Bauwerken ([9] gilt nur bis 60 m Höhe) angewendet werden. Ist kein Modell vorhanden, so kann auch eine Ansichtszeichnung und statt einer Kugel eine Scheibe (Maßstab wie Zeichnung) verwendet werden. Die Scheibe wird dann über die Ansichtszeichnung hinweggerollt.

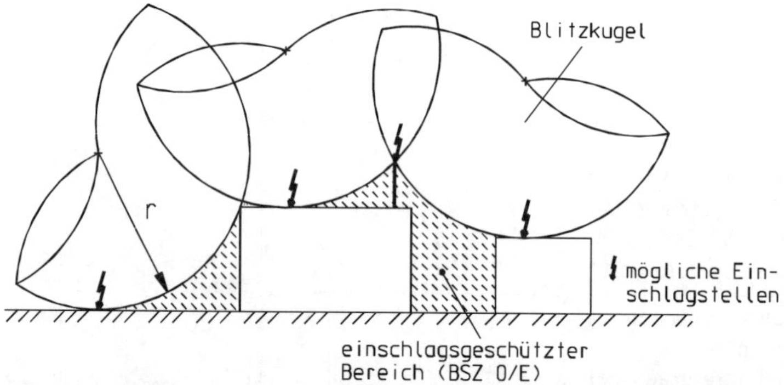

Bild 3.4: Blitzkugelverfahren

In den Zeichnungen sind die möglichen Einschlagstellen anzugeben (Bild 3.4). An diesen Stellen muß eine Fangeinrichtung vorgesehen werden. Die schraffierten Flächen kennzeichnen die Bereiche, in denen Blitzeinschläge ausgeschlossen werden (BSZ 0/E). Danach können die Blitzschutzzonen im Bauwerk unter Beachtung der Schirme (Bild 3.3) festgelegt werden.

3.3.2 Blitzströme über Versorgungsleitungen

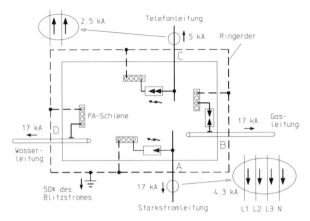

Bild 3.5: Teilblitzströme im Erdungsbereich

Es werden alle Versorgungsleitungen erfaßt, die die Schnittstelle im Erdungsbereich durchdringen, z.B. in Bild 3.5 die Wasserleitungen, Gasleitung, Starkstromleitungen und zweiadrige Telefonleitungen. Zur Erfassung der Versorgungsleitungen ist es zweckmäßig, die Schnittstellen fortlaufend zu kennzeichnen, z.B. mit großen Buchstaben. Für Bild 3.5 gilt:

A: ungeschirmtes Kabel mit vier beschalteten Adern aus Kupfer
  (1x5x25 mm^2, L1, L2, L3, N, PE) ($m=4$);
B: Gasleitung, Durchmesser 30 mm, Material Stahl ($m=1$);
C: Telefonleitung mit zwei beschalteten Adern aus Kupfer ($m=2$);
D: Wasserleitung, Durchmesser 100 mm, Material Stahl ($m=1$).

Die Einschätzung des Blitzstrombetrages in leitenden Versorgungsleitungen kann nach folgenden Gleichungen vorgenommen werden [28]:

$\hat{\imath}$ = Gesamtblitzstrom in kA

$\hat{\imath} = 2000 \cdot k_i$ \hfill (3.1)

k_i aus Tabelle 4.12

Der Gesamtblitzstrom teilt sich auf die beiden Systeme
 – Erdungsanlage $\quad \hat{\imath}_e = 1000 \cdot k_i$ \hfill (3.2)
 – alle leitenden
  Versorgungsleitungen $\quad \hat{\imath}_s = 1000 \cdot k_i$ \hfill (3.3)
zu jeweils 50 % auf.

Der Anteil des Blitzstromes je leitender Versorgungsleitung ergibt sich aus

$\hat{\imath}_i = 1000 \cdot k_i/n = \hat{\imath}_s/n,$ \hfill (3.4)

n = Anzahl der Versorgungsleitungen,
  ausgenommen Fernmeldeleitungen.

Für Fernmeldeleitungen gilt :
$$\hat{\imath}_t = 100 \cdot k_i. \quad (3.5)$$
Der Anteil des Blitzstromes in jedem der m aktiven Einzelleiter eines Kabels beträgt :
$$\hat{\imath}_v = 1000 \cdot k_i/(n \cdot m) = \hat{\imath}_i/m. \quad (3.6)$$
Bei Fernmeldeanlagen beträgt der Anteil des Blitzstromes in jedem der m aktiven Einzelleiter :
$$\hat{\imath}_{vt} = 100 \cdot k_i = \hat{\imath}_t/m. \quad (3.7)$$
Ein geschirmtes Kabel gilt als eine leitende Versorgungsleitung, wenn der Schirm beidseitig angeschlossen und blitzstromtragfähig ist. Der Anteil des Blitzstromes in jedem der m aktiven Einzelleiter der Kabel im Metallschirm ist wie folgt zu bewerten:
$$\hat{\imath}_{vc} = 50 \cdot k_i/(n \cdot m). \quad (3.8)$$
Für das Beispiel im Bild 3.5 werden die folgenden Blitzströme über die Versorgungsleitung abgeleitet, wenn z.B. die Schutzklasse III (Tabelle 3.3) angenommen wird.

Gesamtblitzstrom	$\hat{\imath} = 2000 \cdot 0{,}05 = 100$ kA
Systemblitzstrom Erdungsanlage	$\hat{\imath}_e = 1000 \cdot 0{,}05 = 50$ kA
Systemblitzstrom Versorgungsleitungen	$\hat{\imath}_s = 1000 \cdot 0{,}05 = 50$ kA
Anteil des Blitzstromes je Versorgungsleitung, bei $n = 3$	
A: Starkstromleitung	$\hat{\imath}_i = 50$ kA/3 $= 17$ kA
B: Gasleitung	$\hat{\imath}_i = 50$ kA/3 $= 17$ kA
C: Telefonleitung	$\hat{\imath}_i = 100$ kA $\cdot 0{,}05 = 5$ kA
D: Wasserleitung	$\hat{\imath}_i = 50$ kA/3 $= 17$ kA
Anteil des Blitzstromes in jedem aktiven Einzelleiter	
A : $m = 4$	$\hat{\imath}_v = 17$ kA/4 $= 4{,}3$ kA
C : $m = 2$	$\hat{\imath}_{vt} = 5$ kA/2 $= 2{,}5$ kA

Die Berechnung für die Stoßstromladung Q_s erfolgt analog. Bei der Berechnung der spezifischen Energie des Stromes W/R ist zu beachten, daß wegen $\int i^2 \, dt$ die folgenden Gleichungen anzuwenden sind:

$(W/R)_e = (W/R)/2$	Anteil Erdungsanlage	(3.9)
$(W/R)_s = (W/R)/2$	Anteil aller leitenden Versorgungsleitungen	(3.10)
(W/R) aus Tabelle 3.3		
$(W/R)_i = (W/R)_s/n^2$	Anteil je leitende Versorgungsleitung	(3.11)
$(W/R)_v = (W/R)_i/m^2$	Anteil je aktive Ader	(3.12)

3.3.3 Auswahl der Armaturen und Ableiter

Die Auswahl der Verbindungsbauteile, der Trennfunkenstrecken, der Blitzstromableiter und der Überspannungsableiter kann nun auf der Grundlage der errechneten Blitzstromparameter für die Schnittstelle erfolgen. Mit der Neufassung von DIN 48 810 [36] werden die *Verbindungsbauteile*, wie Klemmen, Verbinder, Schellen, Anschluß- und Überbrückungsbauteile, Dehnungsstücke sowie Trennstücke, in zwei Anforderungsklassen (Tabelle 3.8) eingeteilt. Die Einsatzhinweise sind der Tabelle 3.9 zu entnehmen. Die Verbindungsbauteile müssen zukünftig mit folgender Kennzeichnung (gut lesbar und dauerhaft haltbar) versehen sein: DIN-Schriftzug, Ursprungszeichen (Name und Warenzeichen des Herstellers) und Anforderungsklasse (H, N).

Tabelle 3.8: Anforderungsklassen für Verbindungsbauteile [36]

Anforderungs-klasse	i_{max} kA	Q_s As	W/R MJ/Ω
H (hoch)	100	50	2,5
N (normal)	50	25	0,6

Tabelle 3.9: Einsatzhinweise für Verbindungsbauteile [36]

Bauteile nach Tabelle 3.8	Gesamtblitzstrom	Teilblitzstrom
H	SK III/IV	SK I/II
N	---	SK III/IV
2 * H	SK I/II	---
Sonderbauteile 200 kA/150 kA 10/350 µs	SK I/II	---

Trennfunkenstrecken müssen blitzstromtragfähig sein, d.h., sie dürfen beim Abfließen des Blitzstromes nicht verschweißen.
Blitzstromableiter müssen Stoßströmen der Wellenform 10/350 µs und Scheitelwerten bis zu 100 kA genügen, während für *Überspannungsableiter* lediglich Prüf-Stoßströme der Wellenform 8/20 µs und Scheitelwerte von einigen kA verwendet werden.

Blitzstromableiter werden an der Schnittstelle BSZ 0 → BSZ 0/E und an Näherungsstellen, wo bei einem Zusammenschluß direkt Blitzströme abzuleiten sind, eingesetzt. Bei leitungsgeführten Blitzströmen an den Schnittstellen BSZ 0/E → BSZ 1 sowie BSZ 1 → BSZ 2 und für energiereiche Schaltüberspannungen (in den BSZ 1 bis n) werden Überspannungsableiter eingesetzt.

3.4 Stand der Blitzschutznormung

Als Basisnorm für das Planen, Bauen und Prüfen von Blitzschutzanlagen gilt DIN VDE 0185 Teile 1 und 2/Ausgabe 11.82 [8]. Diese Norm wurde Mitte 1975 erarbeitet und erschien im Sommer 1978 im Gelbdruck. Die Entwicklung im Blitzschutz hat seitdem wesentliche neue Impulse erhalten. Eine Ursache ist auch die zunehmende Häufigkeit von Schäden an empfindlichen elektrischen Anlagen. Die neuen Erkenntnisse, wissenschaftlich untersetzt, flossen direkt in die internationale Norm IEC 1024-1/Ausgabe 03.90 [9] ein. In Vorbereitung auf den gemeinsamen Binnenmarkt der EG-Länder ab 01.01.1993 erschien der Rosadruck von DIN VDE 0185 Teil 100/ Entwurf 11.92 als deutsche Fassung des Schlußentwurfs der Europäischen Vornorm prENV 61 024-1/Ausgabe 08.91 [9]. Dieser Rosadruck ist weitestgehend mit der IEC 1024-1 identisch, wie auch die früher erschienene DIN VDE 0185 Teil 100/Entwurf 10.87. Es ist nur normal, daß mit dem Fortschreiten der technischen Entwicklung DIN VDE 0185 vom November 1982 nicht mehr in jedem Punkt den Stand der Technik repräsentieren kann. Ergänzend zu [9] sind DIN VDE 0185 Teil 103/ Entwurf 12.92 [15] und der Leitfaden B, Entwurf 02.93 als Rosadruck erschienen (vgl. Bild 1.1). Die Notwendigkeit dieser Normen ergab sich aus der zunehmenden Verwendung vieler Arten elektrischer Systeme, einschließlich Rechnern, Fernmeldeeinrichtungen und Steuerungssystemen (in den Normen als Informationssysteme bezeichnet). Derartige Systeme werden in vielen Bereichen des Handels und der Industrie, einschließlich der Steuerung von Fertigungsanlagen mit hohem Kapitalwert, großen Abmessungen und hoher Komplexität, verwendet, bei denen aus Kosten- und Sicherheitsgründen durch Blitzeinschlag verursachte Ausfälle sehr unerwünscht sind.

Es bleibt der Entscheidung des Blitzschutzfachmanns überlassen, welche Norm oder Teile aus den Normen er seiner Leistung zugrunde legt. Wichtiger ist es, den Kunden nicht im unklaren zu lassen und dies vertraglich abzugrenzen. Berücksichtigt werden sollte, daß es keine neue DIN VDE 0185 geben wird, sondern EG- bzw. IEC-Normen.

3.5 Planung von Blitzschutzanlagen

Um eine Blitzschutzanlage bauen zu können, müssen Planungsunterlagen angefertigt werden [8] [9] [40]. Diese Unterlagen sollen alle Angaben zum Schutz der baulichen Anlagen einschließlich der elektrotechnischen Anlagen enthalten. Der Umfang der Planungsunterlagen hängt wesentlich von der Komplexität der zu schützenden Anlage ab. Der Begriff für Planungsunterlagen ist in den einschlägigen Normen nicht einheitlich geregelt. In der VOB Teil C Blitzschutzanlagen, DIN 18 384 [16] werden Hinweise zur Leistungsbeschreibung gegeben, die im wesentlichen eine Beschreibung der Baustelle und bauliche Anlagen betreffen. Die Norm ist weniger zur Planung von Blitzschutzanlagen geeignet. Sie dient zur Abgrenzung der Blitzschutz-Bauleistung zwischen dem Auftraggeber und der Blitzschutzfirma (Blitzschutzfachmann). Zu berücksichtigen ist, daß die Norm keine Aussage zur Schutzklasse (SK), zu den Blitzschutzzonen (BSZ) und der Schnittstellenbehandlung enthält. Auch fehlt der Hinweis auf vorhandene Fernmeldeanlagen, Steuerungssysteme und Rechner. Dies sollte bei der Ausschreibung, Vergabe, Ausführung und Abrechnung der Blitzschutz-Bauleistung unbedingt berücksichtigt werden. Auch die Norm DIN 48 830 [17] ist im wesentlichen auf die Beschreibung orientiert. Sie ist jedoch gut als Leitfaden für eine Entwurfsplanung geeignet, wenn bei der Beschreibung zur baulichen Anlage die Angaben zur Schutzklasse, zu den Blitzschutzzonen, zu den Schnittstellen (Eintritts- und Austrittsstelle von Installation) und zur Schirmung mit berücksichtigt werden. Es sollte ein Abschnitt über Näherungen aufgenommen werden, und statt der Überspannungsableiter sind die Einbauorte und Anzahl von Blitzstromableitern anzugeben (Schnittstelle BSZ 0 → BSZ 0/E). Der Einbau von Überspannungsableitern erfolgt an den Schnittstellen BSZ 1 → BSZ 2 und BSZ 2 → BSZ 3, wobei diese Maßnahme nicht Bestandteil des Blitzschutzes ist (vgl. Bild 1.1). Die Anwendung der DIN 48 830 sollte auf die Planung von einfachen Blitzschutzanlagen, wie z.B. für Wohngebäude, Verwaltungsgebäude, Gewerbebetriebe, Landwirtschaftsbauten, Lagerhallen ohne nennenswerte Informationsanlagen, beschränkt bleiben. Bei komplexen Anlagen mit umfangreichen Informationsanlagen, wie Rechenzentren, Kraftwerken, Fabriken, ist es zweckmäßig, die Planung, Realisierung und Prüfung einer Blitzschutzanlage als eine fachbereichsübergreifende Aufgabe anzusehen (s.Tabelle 3.7 und Bild 3.6). Dabei kann es notwendig werden, daß ein EMV-Fachmann oder ein Blitzschutzfachmann mit EMV-Kenntnissen den Prozeß von der Konzeptplanung über die Bauausführung bis zur Abnahme begleitet. Bei der Abnahme der Blitzschutzanlage sollten neutrale Sachverständige oder Prüfinstitutionen, z.B. der TÜV, herangezogen werden.

Schritte	Ergebnis	Ausführender	Anteil nach HOAI [41]
Konzeptplanung (Grundlagenermittlung) und Vorplanung	Gesamtkonzept, Schutzklasse, Blitzschutzzonen, Schnittstellen erfassen	EMV-Fachmann mit - Bauherr - Architekt - Haustechniker - Gebäudeleittechniker - beteiligtes Planungsbüro - Blitzschutzfachmann mit EMV-Kenntnissen	14 %
Entwurfsplanung	Zeichnungen, Beschreibung, Berechnungsergebnisse	Planungsbüro	15 %
Genehmigungen	Genehmigungsvorlage		6 %
Ausführungsplanung	Ausführungs- und Detailzeichnungen	Planungsbüro, ggf. Blitzschutzfachmann	18 %
Vergabevorbereitung	Mengenermittlung und Leistungsverzeichnis		6 %
Mitwirkung bei der Vergabe	Vergabevorschlag, Auftragserteilung	Planungsbüro	5 %
Bauausführung	Revisionsunterlagen	Blitzschutzfachmann	--
Bauüberwachung	Fotodukumentation, Bautagebuch, Feststellung des Ist-Zustandes und der fachtechnischen Richtigkeit,	EMV-Fachmann, Blitzschutzfachmann mit EMV-Kenntnissen, Planungsbüro, Prüfinstitution, Sachverständiger	33 %
Abnahme	Dokumentation des Gesamtergebnisses	Prüfinstitution Sachverständiger	3 %
Wiederkehrende Prüfung	Feststellen des ordnungsgemäßen Zustandes, Bau- oder Nutzungsänderung	Planungsbüro, Blitzschutzfachmann, Sachverständiger, Prüfinstitution	--

Bild 3.6: Blitzschutz-Management für Neubauten und umfangreiche Bau- und Nutzungsänderungen

3.5 Planung von Blitzschutzanlagen

Zur Qualitätssicherung gehört auch die wiederkehrende Prüfung, bei der nicht nur der ordnungsgemäße Zustand der Blitzschutzanlage dokumentiert, sondern auch die aktuelle technische Gebäudenutzung und -ausrüstung mit überprüft wird.
Mit diesem Blitzschutzmanagement (Bild 3.6) sollen nicht nur in Anlehnung an die HOAI [41] die einzelnen notwendigen Schritte aufgezeigt werden, sondern auch die Zuständigkeit der Ausführenden. Wird vom Blitzschutzfachmann auch die Konzept- und Entwurfsplanung übernommen, so sollte er über gute EMV-Kenntnisse verfügen. Wie Schadensuntersuchungen ergaben, wurden als Folge fehlender EMV-Kenntnisse häufig wesentliche Maßnahmen des inneren Blitzschutzes nicht geplant und ausgeführt. Wichtige mitgeltende Normen (insbesondere DIN VDE 0800 [18] und 0845 [19]) blieben unberücksichtigt. In der Folge wurden Regreßansprüche geltend gemacht, die ausgeglichen werden mußten [20].
Zu den Schritten nach Bild 3.6 werden die folgenden Hinweise gegeben.

Konzeptplanung

Zunächst sind die Schutzklassen (SK) nach [9] und die Blitzschutzzonen BSZ 0, BSZ 0/E und BSZ 1 festzulegen (Bild 3.4). Bei komplizierten Bauwerken (Vielgliederung, unterschiedliche Höhen) ist zur Blitzschutzzonenbestimmung die Anwendung des Blitzkugelverfahrens zweckmäßig. In der Dachdraufsicht und den Gebäudeansichten sollten im Ergebnis des Blitzkugelverfahrens die Blitzeinschlagsstellen mittels Blitzpfeils begrenzend eingezeichnet werden (s. Bild 3.4). Dies erleichtert die Konzipierung und den Bau der Fangeinrichtung. Sodann sind alle metallenen Installationen sowie die Energie- und Informationsleitungen zu ermitteln, die beim Durchtritt an der Schnittstelle (BSZ 0 → BSZ 0/E) in den Blitzschutz-Potentialausgleich einzubeziehen sind. In dieser Phase ist bereits Einfluß auf die Nutzung der Bewehrung und anderer metallener Bauwerksteile zur Schirmung bzw. als "natürliche" Fang- und Ableiteinrichtung und als Fundamenterder zu nehmen.
Bei bestehenden baulichen Anlagen ist eine Bestandsaufnahme als gesonderte Leistung vorzunehmen, bei der alle relevanten baulichen Gegebenheiten, metallenen Komponenten und Installationen in einer Dokumentation zusammenzufassen sind.

Entwurfsplanung

Sie umfaßt die Erarbeitung eines Maßnahmenkatalogs und – bei Bedarf – eines Stufenplanes für einen technisch-wirtschaftlich ausgewogenen Schutz.

Leistungsbeschreibungen bestehen aus Zeichnungen, Beschreibungen sowie Detailangaben, z.B.

- den Schirmungsmaßnahmen,
- den Berechnungsergebnissen zu den Teilblitzströmen über die Versorgungsleitungen (Bild 3.5),
- den Einbauorten für die Blitzstromableiter (BSZ 0 $\rightarrow$ BSZ 0/E),
- den "natürlichen" Fang- und Ableiteinrichtungen,
- den Fundamenterdern,
- den Näherungen zwischen Blitzschutzanlage und metallenen Installationen, metallenen Konstruktionsteilen und der elektrotechnischen Anlage.

Ausführungsplanung

In der Praxis enthält die Ausführungsplanung die Erarbeitung von Ausführungs- und Detailzeichnungen. Sinnvoll ist es, wenn dies durch die Errichterfirma erfolgt und der Blitzschutzplaner nur zur Konsultation herangezogen wird. Bei größeren Blitzschutzanlagen sollten die Ausführungszeichnungen vom Auftraggeber (Planer) genehmigt werden.

Bauüberwachung

Diese Leistung ist bei komplizierten Blitzschutzanlagen von Vorteil, weil eventuelle Nachbesserungen sofort aufgezeigt werden können. Parallel zur Ausführung sollte eine Dokumentation erstellt werden, wobei z.B. später verdeckte Anlagenteile durch Fotografieren erfaßt werden können. Das Führen eines Bautagebuches kann zweckmäßig sein, zumal es später auch für Eintragungen bei wiederkehrenden Prüfungen verwendet werden kann. Bei Notwendigkeit kann die Blitzschutzfirma mit Besonderheiten der Blitzschutzanlage, z.B. Einbau der Blitzstromableiter, Beseitigung der Näherungen, vertraut gemacht werden. Schließlich sollte auch die Einweisung des Personals in die Überwachung und Prüfung der Blitzschutzanlage und -geräte erfolgen.

3.6 Zeichnerische Darstellung von Blitzschutzanlagen

Ein wichtiger Bestandteil der Planungsunterlagen ist die Ausführungszeichnung. Diese ist nach Fertigstellung der Anlage auf Übereinstimmung zu prüfen, gegebenenfalls zu ergänzen und dem Betreiber als Revisionszeichnung (Bestandsplan) zu übergeben.

3.6 Zeichnerische Darstellung von Blitzschutzanlagen

Für kleine Objekte lassen sich alle blitzschutztechnischen Einzelheiten auf einer Zeichnung darstellen, bei Gebäuden mit Fundamenterdern und umfangreichen Blitzschutzmaßnahmen in mehreren Geschossen sind dagegen mehrere Zeichnungen erforderlich. Aus den Unterlagen müssen mindestens ersichtlich sein:

- Hauptabmessungen des Bauwerks;
- Dachform, Traufen- und Firsthöhe sowie Dachart (Dachdeckung);
- Schutzklasse (SK) und Blitzschutzzonen (BSZ);
- Teile, die aus dem Dach hervorstehen, mit Werkstoffangaben, z.B. Aufzugsbauten, Schornsteine, Turmspitzen, Firmenschilder, Antennen, Dachständer, Kleinkühltürme, Dunstrohre, Geländer, Entlüfter, Laufstege, Sirenen;
- Metallteile an oder auf dem Dach, z.B. Blechabdeckungen, Blechkanten, Regenrinnen, Regenfallrohre, Schneefanggitter, Kehlbleche, Dachfenster;
- Metallteile der technischen Gebäudeausrüstung und Bauwerksausrüstungen, z.B. Wasser-, Gas-, Heizungs-, Luft- und Feuerlöschleitungen, Lüftungs- und Klimakanäle, Aufzugsgerüste, Kranbahnen, Stahldachtragwerke, Feuerleitern, Treppengeländer, Maschinenanlagen, Stahlbewehrungen, Gleisanlagen;
- elektrische Anlagen, z.B. Hausanschluß, Hauptverteilung, Potentialausgleichsschiene, Fernmeldeanlagen, MSR-Anlagen, Leittechnik.

Folgende Einzelheiten der Blitzschutzanlage sind mindestens darzustellen:

- Fangstangen, Auffang- und Ableitungen mit den Anschlußstellen zu Ausrüstungsteilen auf dem, am und im Objekt,
- Trennstellen (Prüfklemmen) mit fortlaufender Numerierung,
- Erdungsanlagen mit Verbindungen zu Ausrüstungsteilen im Gebäude und zu benachbarten Erdern,
- Einbauorte der Blitzstromableiter,
- beseitigte Näherungen durch örtlichen Potentialausgleich oder Angabe des Abstandes s, s. Gleichung (4.5), S. 105.

Um blitzschutztechnische Maßnahmen verständlich darstellen zu können, werden die Sinnbilder nach DIN 48 820 [21] (Tabelle 3.10) verwendet. In der Tabelle 3.11 sind ergänzend weitere gebräuchliche Sinnbilder dargestellt [24].
Ein Beispiel für die zeichnerische Darstellung einer Blitzschutzanlage zeigt Bild 3.7. Wird ein Objekt durch Fangstangen geschützt, so sollte der Schutzraum dargestellt werden. Wenn sich in der näheren Umgebung eines Objektes mit Blitzschutzanlage hohe Maste oder Bäume befinden, die bei einem

Tabelle 3.10: Symbole für Gebäudeteile und Blitzschutzanlagen [21]

Symbol	Benennung	Bemerkung
	Gebäudeumriß	
14	Dachhöhe	Die auf dem Dreieck angegebene Zahl gibt die Dachhöhe (First- oder Traufenhöhe) in m über dem anschließenden Gelände an.
	Stahlbeton mit Anschluß der Bewehrungen	
⊥.⌊.⊥	Stahlkonstruktion	
//////	Metallabdeckung	
	Schornstein	
--σ--	Regenrinne, Dachrandabdeckung, Regenfallrohr, Entlüftung usw.	
–ı–ı–ı–ı-	Schneefanggitter	
===W	Rohrleitung aus Metall	Die Leitungen können durch Kennbuchstaben für Durchfluß gut gekennzeichnet werden: G Gas, W Wasser, H Heizung
Y	Antenne	
—o—	Dachständer	
⊙	Fahnenstange	
⊂⊃	Ausdehnungsgefäß	
⊠	Aufzug	
	Zähler	Der Buchstabe im Symbol weist auf den Verwendungszweck hin: G Gas, W Wasser
F	feuergefährdeter Bereich	
Ex	explosionsgefährdeter Bereich	Zusatzbemerkung für Gebäudeteile
Spr	explosivstoffgefährdeter Bereich, z.B. Sprengstoff	

3.6 Zeichnerische Darstellung von Blitzschutzanlagen

Symbol	Benennung	Bemerkung
———	Blitzschutzleitung sichtbar verlegt	
—·—·—	Leitung unter Dach, unter Putz, im Fußboden u. dgl.	bei isolierten oder geschützten Leitungen, Leitungstyp angeben, z.B. NYY
—————	unterirdische Leitung	
—··—··—	Fundamenterder	
●	Fangstange, Fangspitze und Fangpilz	
⊥ ⊶	Anschluß an Stahlkonstruktion, Regenrinne, Fallrohr usw.	
—=·—	Dachdurchführung	
—∞— — —	Trennstelle	Wird zur Prüfung geöffnet, Bezeichnung mit laufender Nummer
⊥	Staberder (Tiefenerder)	mit Angabe der Länge in Meter
⊥	Erdung allgemein	
⟋	Leitung nach oben führend	
⟍	Leitung nach unten führend	
—)(—	Trennfunkenstrecke Funkenstrecke, geschlossen	explosionsgeschützte Funkenstrecke kann durch Zusatz Ex gekennzeichnet werden.
—▭	Ventilableiter	
[oooo]	Potentialausgleichsschiene	
—⌐—	Anschlußfahne blank	bei isolierter Leitung Leitungstyp angeben, z.B. NYY
—⊓—	Überbrückung, Dehnungsbogen	
⌀	Leitung im Schnitt	

Blitzschlag von Bedeutung sind, werden sie auf der Zeichnung mit dargestellt. Für die Zeichnungen sind die genormten Papierformate der Reihe A zu benutzen. Als kleinstes Format soll A4 (Vorzugsformat), als größtes A2 verwendet werden. Um trotz eines kleinen Formats die Übersichtlichkeit der Blitzschutzanlage zu gewährleisten, können bei Häufungen von Anschlußpunkten Detailzeichnungen angefertigt werden. Die Beschreibung der Zeich-

46   3 Grundlagen des Blitzschutzes

Tabelle 3.11: Weitere gebräuchliche Symbole

Symbol	Benennung	Bemerkung
⌐⌐	Steigeisen mit Rückenbügel	nach TGL 200-0616 [14]
🗏	Steigeleiter	
▄▄▄	Gleisanlage	
⚐ ⚑ ⚐	Schornstein mit Auffangstange und Ableitung metallen	
⚐ ⚑ ⚐	nichtmetallen	
♀	Rohr senkrecht mit Ableitung metallen	
♀	nichtmetallen	
△	Sirene	
▣	Bewehrungsstahl senkrecht	
———	waagerecht	
⌐	Anschlußfahne seitlich	TGL 33 373 [23]
⌐	nach oben	
⊥	Anschlußplatte seitlich	
⌐	nach oben	
∼	bewegbarer Leiter, z.B. Dehnungsstück	aus [24]
↓⚡	Blitzstromableiter in einer Energieleitung	
↓⚡	in einer Informationsleitung	
↓ü	Überspannungsableiter in einer Energieleitung	
↓ü	in einer Informationsleitung	
⌂	Lichtkuppel	
⊕	Dachventilator	

3.6 Zeichnerische Darstellung von Blitzschutzanlagen 47

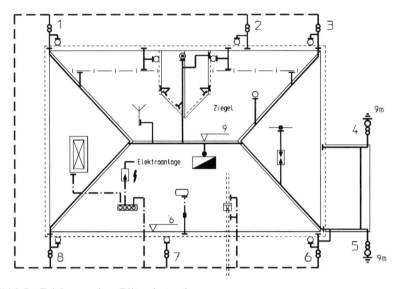

Bild 3.7: Zeichnung einer Blitzschutzanlage

nungen hat in Mittelschrift zu erfolgen. Für Blitzschutzanlagen werden Maßstäbe 1 : 200 (Vorzugsmaßstab), 1 : 100 und 1 : 50 angewendet. Bei Neubauten kann man in den meisten Fällen alle wichtigen Maße für den Grundriß und die Dachdraufsicht den Bauzeichnungen entnehmen. Bei Altbauten ist das Anfertigen der Pläne oft nur durch eine örtliche Aufnahme möglich. Wichtig sind Maßangaben zu den Abständen zwischen den im Gebäude befindlichen Installationssystemen und Stahlkonstruktionen und der Dachhaut, um Näherungsbedingungen beurteilen zu können. Auf Ausführungs- und Revisionszeichnungen aus der Zeit vor 1965 findet man oft noch mehrfarbige Darstellungen. Darin bedeuten :

- schwarz: Gebäuderißlinien, z.b. Giebel-, First- und Traufenkanten, Schornsteine und alle Aufbauten, die nicht aus Metall sind;
- grün: aus Blech bestehende Bauwerksteile, z.b. Blechabdeckungen, Regenrinnen, Fallrohre, Entlüftungsrohre;
- blau: Stahlkonstruktionen, Rohrleitungen für Wasser, Gas, Luft und Heizung, Stahlarmierung, Elektroleitungen, Gleisanlagen;
- rot: Blitzschutzanlage;
- braun: Erweiterung schon vorhandener Teile einer Blitzschutzanlage.

Wenn auch heute die mehrfarbige Darstellung wegen der Vervielfältigungsprobleme nicht mehr angewendet wird, so kann sie bei der Bestandsaufnahme recht hilfreich sein.

48   3 Grundlagen des Blitzschutzes

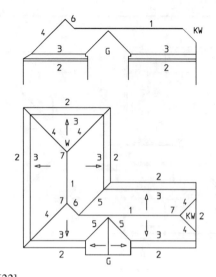

Bild 3.8: Dachteile [22]
1 First; 2 Traufe; 3 Dachbruch; 4 Grat; 5 Kehle; 6 Verfallung; 7 Anfallpunkt; W Walm; KW Krüppelwalm; G Giebel

Um die Zeichnungen lesen zu können, ist es erforderlich, daß der Blitzschutzfachmann die wichtigsten *Dachteile* kennt (Bild 3.8). Er muß der dargestellten Dachdraufsicht mit dem Gebäudemaßen die Dachform, Dachteile und die Größenverhältnisse des Objektes entnehmen können. Aus diesen Angaben sowie Angaben zur Dachart (Dachdeckung) und Dachneigung sind der Materialeinsatz und die Art der Halter oder Leitungsstützen zu bestimmen. Besonders kulturhistorische Bauwerke sind mit Dach- und Bauteilen versehen, deren Kenntnis zweckmäßig ist (Bild 3.9).

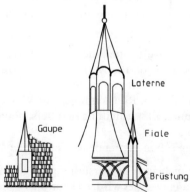

Bild 3.9: Spezielle Dachaufbauten

4 Grundsätze des Blitzschutzbaus

4.1 Fangeinrichtung

4.1.1 Grundanordnung

Das zu schützende Objekt muß sich im Schutzraum der Fangeinrichtung befinden. Als Fangeinrichtung können *Fangleitungen*, *Fangkäfige* und/oder *Fangstangen* dienen, deren Anordnung mit

- dem Blitzkugelverfahren (Radius r)
- unter Verwendung des Schutzwinkels α oder
- unter Verwendung der Maschenweite w

festgelegt wird. Die Verfahren können auch kombiniert werden. Die Werte für die Anordnung nach DIN VDE 0185 [8] und DIN VDE 0185 Teil 100 [9] sind in Tabelle 4.1 gegenübergestellt.

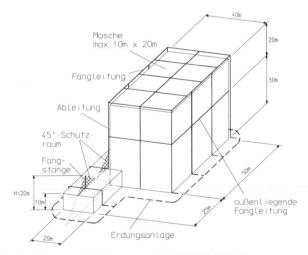

Bild 4.1: Fangeinrichtung und Ableitungen nach DIN VDE 0185 [8]

Bild 4.1 zeigt die Fangeinrichtung nach dem Anordnungsprinzip von DIN VDE 0185 [8]. Da das Blitzkugelverfahren in [8] nicht berücksichtigt ist, muß bei Gebäuden mit Höhen über 30 m, beginnend ab 30 m Höhe, an den Außenwänden zum Schutz gegen Seiteneinschläge eine waagerechte Fang-

Tabelle 4.1: Auslegung der Fangeinrichtung

DIN VDE 0185 [8]	DIN VDE 0185 T 100 [9]				
allgemein: 10 m x 20 m für Explosions- und Explosivstoffbereiche, Krankenhäuser, Kliniken, Traglufthallen: 10 m x 10 m	Maschenweite w				
	Schutzklasse	Maschenweite			
	I	5 m			
	II	10 m			
	III	10 m			
	IV	20 m			
allgemein: 45° bei H_{max} = 20 m, für Ex-Bereiche: 45° bei H_{max} = 10 m und zusätzlich 30° bei 10 m < H < 20 m	Schutzwinkel α für h in m				
	Schutzklasse	10	20	30	45	60
	I	45°	25°	*	*	*
	II	55°	35°	25°	*	*
	III	60°	45°	35°	25°	*
	IV	65°	55°	45°	35°	25°
	* nur Blitzkugelverfahren und Maschenweite anwenden				
–	Blitzkugel				
	Schutzklasse	Radius r			
	I	20 m			
	II	30 m			
	III	45 m			
	IV	60 m			

leitung angebracht werden. Die Abstände zu den folgenden waagerechten Fangleitungen betragen jeweils 20 m. Auf diese zusätzliche Fangleitung darf verzichtet werden, wenn

- als Fangeinrichtungen wirksame Metallteile, wie Metallfassaden oder waagerechte Stahlkonstruktionen, vorhanden sind oder
- bei Stahlbetonbauten und Stahlskelettbauten diese als integrierte Blitzschutzanlage dienen.

4.1 Fangeinrichtung 51

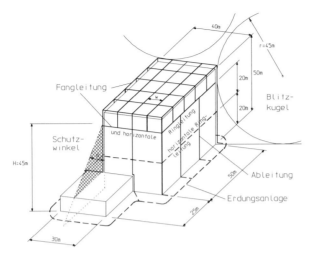

Bild 4.2: Fangeinrichtung und Ableitungen nach DIN VDE 0185 T 100 [9] (SK III)

Im Unterschied dazu sind nach [9] nur dann außenliegende Fangeinrichtungen vorzusehen, wenn mit der Blitzkugel blitzeinschlaggefährdete Stellen ermittelt werden (Bild 4.2). Die horizontale Ringleitung aller 20 m kann im Gebäude angeordnet werden, weil sie die Funktion des Blitzschutz-Potentialausgleichs zu erfüllen hat. Im Bild 4.3 ist der geschützte Raum bei Anwendung der drei Anordnungsprinzipien dargestellt. Bei Anwendung der Maschenweite w ergibt sich zwischen den Fangleitungen ein ungeschützter Raum (Bild 4.3 b). Zur Abschätzung des Schutzeffektes kann der zum Radius r gehörende Blitzstrom $\hat{\imath}$ herangezogen werden. Bei kleinen Maschenweiten werden Blitze mit geringen Blitzströmen noch sicherer eingefangen. Wie den Werten nach Bild 4.3 zu entnehmen ist, bietet ein Maschennetz nach [8] bei normalen Anforderungen einen ausreichenden Schutz.
Aus der Erfahrung gelten folgende Stellen auf Gebäuden als einschlaggefährdet:

– Turm- und Giebelspitzen, Firste und Grate, Giebelkanten und Mauerkronen, Traufkanten,
– Schornsteine, Dunstschlote, Luftschächte und ähnliche Dachaufbauten, die über 0,3 m aus der Maschenebene herausragen,
– Antennen, Fahnenstangen (Holz, Metall), Dachständer.

Diese bevorzugten Einschlagstellen sind mit Fangstangen oder Fangleitung zu versehen.

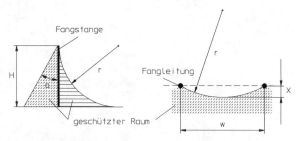

Bild 4.3: Darstellung des geschützten Raumes
a) Schutzwinkel, Blitzkugel b) Maschenweite

Zur Abschätzung des Schutzeffektes bei der Maschenweite

	DIN VDE 0185, T1 [8]					DIN VDE 0185, T100 [9]			
SK	entspricht III					I	II	III	IV
i (kA)	10,6					3,6	6,1	10,6	14
r (m)	45					20	30	45	60
w (m)	10 x 20		12 x 20		10 x 23	5	10	10	20
x (m)	0,28	1,13	0,40	1,13	0,28	1,49	0,16	0,42	0,28	0,84

Befinden sich Metallteile auf dem Dach bzw. an den Außenwänden, so können sie als natürliche Fangeinrichtung bei Einhaltung der folgenden Bedingungen genutzt werden.

Bleche, Blecheinfassungen und Blechabdeckungen müssen den Mindestdicken nach Tabelle 3.1 entsprechen und zuverlässig verbunden sein (durch Löten, Schweißen, Pressen, Schrauben, Verbolzen). Bei Klemmprofilen, metallenen Überbrückungen, Falzen, Nieten, Überlappen sind die folgenden Maße einzuhalten:

– bei überlappten Blechen 100 mm Überlappung,
– bei Einfassungen 100 mm Überdeckung,
– bei eingeschobenen Verbindungslaschen 200 mm Länge und 100 mm Breite.

Werden Blechdicken nach [8] verwendet, so muß am Blitzeinschlagpunkt mit einer Durchlöcherung gerechnet werden. Eine Laboruntersuchung mit den Blitzgefährdungswerten der SK II an einem 0,6 mm dicken Kupferblech mit darunter befindlicher Holzkonstruktion ergab Durchschmelzungen mit Lochdurchmessern von etwa 10 bis 20 mm. In keinem Fall hatte sich die Holzkonstruktion entzündet [42]. Bei leicht entzündbaren Gemischen oder Materialen

4.1 Fangeinrichtung 53

oder wenn das Eindringen von Regenwasser verhindert werden soll, sind Metalldicken nach [9] zu verwenden.
Die Verwendung von metallenen Schneefanggittern und Regenrinnen als Fangleitung hängt wesentlich vom Material und dessen Lebensdauer ab. Bei Kupfer wird eine ausreichend lange Lebensdauer sichergestellt. In jedem Fall muß eine Verbindung zur Fangeinrichtung hergestellt werden.
Metallfolien oder *Drahtgewebe* unterhalb der Dachhaut sind wegen der geringen Materialdicke nicht blitzstromtragfähig. Abhilfe schafft hier nur eine isolierte Fangeinrichtung. Der Abstand zwischen der isolierten Fangeinrichtung und der Metallfolie bzw. dem Drahtgewebe kann mit der Näherungsgleichung (4.5), S. 105 bestimmt werden.
Bei *metallenen Unterkonstruktionen*, z.B. Trapezblechen und obenliegenden Wärmedämmschichten, ist eine Fangeinrichtung als Masche oder aus Fangstangen vorzusehen. Um Dachschäden zu vermeiden, sind die Fangleitungen an den Dachrändern und – wenn möglich – an vorhandenen Dachöffungen mit der metallenen Unterkonstruktion zu verbinden. Das Aufstellen von Fangstangen, möglichst mittels Blitzkugel bestimmt, kann eine geschickte, wirtschaftliche Lösung sein.
Bei *Stahlbindern* mit einer Dacheindeckung aus elektrisch nichtleitendem Werkstoff, z.B. Dachziegel, Bitumenpappe, ist die Fangeinrichtung alle 20 m mit dem Stahlbinder zu verbinden. Es kann auch eine Unterdachanlage vorgesehen werden.
Werden *Wellfaserzementplatten auf Stahlpfetten* verlegt, so genügen die vorhandenen durchgehenden Befestigungsschrauben und Haken als Fangeinrichtung. Wegen der schlechten Kontaktgabe muß jedoch mit Funkenbildung gerechnet werden. Befinden sich direkt unter dem Dach Feuer-, Explosionsoder Explosivstoffbereiche, dann sind Maßnahmen gegen eine Zündung erforderlich, z.B. eine isolierte Fangeinrichtung oder feuerhemmende Unterdecken.
Bei *begehbaren und befahrbahren Dächern* muß eine Verlegung der Fangleitungen in den Fugen oder unter dem Dach erfolgen. An den Knoten der Maschen sind Fangpilze anzuordnen, die mit der Dachfläche bündig sind.

4.1.2 Fangleitungen

Bildungsregel nach DIN VDE 0185 Teil 1 [8]: Die Maschenweite der Fangleitungen auf dem Dach ist so zu wählen, daß kein Punkt des Daches einen größeren Abstand als 5 m von einer Fangeinrichtung hat. Die Größe der einzelnen Maschen darf nicht mehr als 10 m x 20 m betragen (s. Bild 4.1).

Die Lage der Maschen ist frei wählbar, wobei der First, die Außenkanten und ohnehin vorhandene, als Fangeinrichtung dienende metallene Bauteile bevorzugt zu nutzen sind. Aus der Erfahrung kann bei normalen Gebäuden (entspricht der SK III) mit Sattel- oder Walmdächern eine Abweichung der Maschenweite z.B. auf 12 m x 20 m oder 10 m x 23 m zugelassen werden. Hier bestehen deshalb keine Bedenken, weil die Firstkante einen Teil der Dachschräge mit 45° abschirmt (Bild 4.4). Auch beim Sheddach ist die Maschenregel nicht korrekt anwendbar. Für Gebäude mit explosions- oder explosivstoffgefährdeten Bereichen ist die Maschenweite auf 10 m x 10 m festgelegt. Diese Maschenweite gilt auch für Krankenhäuser und Kliniken (s. Abschnitt 5).

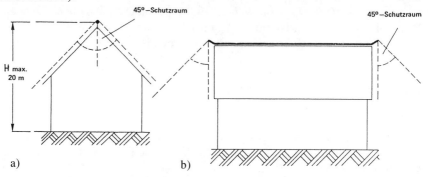

Bild 4.4: Schutzraum bei Fangleitung

Bildungsregel nach DIN VDE 0185 Teil 100 [9]: Die Maschenweite ist entsprechend der festgelegten Schutzklasse nach Tabelle 4.1 zu wählen, Beispiel s. Bild 4.2.

Ausführungshinweise: Fangleitungen werden blank (Anstrich gilt als blank) auf dem First und an den Dachaußenkanten verlegt (Bild 4.5). Metallene Teile, wie Blechabdeckung, Winkelrahmen oder Spannring, können bei Einhaltung der Mindestmaße als Fangleitung verwendet werden.
Werden Fangleitungen unterhalb von Dachkanten oder unter dem Dach verlegt, so sind *Fangspitzen* anzuordnen. Die Fangspitzen müssen die Gebäudekanten um mindestens 0,3 m überragen und einen Abstand von nicht mehr als 5 m voneinander haben. Für die Verbindungsleitungen gilt die Maschenregel.
Die Fangleitungen auf dem First (Bild 4.5) werden bis zu den Firstenden durchgezogen und über den Firstenden mindestens 0,3 m schräg aufwärts gebogen (Schutzraum).

4.1 Fangeinrichtung 55

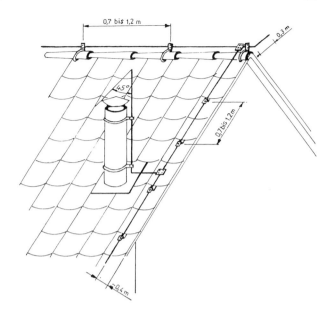

Bild 4.5: Anordnung und Maße von Leitungen auf dem Dach

4.1.3 Fangstangen

Das zu schützende Objekt muß sich vollständig im *Schutzraum* der Fangstange befinden (Bild 4.6). Dachaufbauten dürfen höchstens 0,3 m aus dem Schutzbereich herausragen. Die Höhe H [8] bzw. h [9] wird immer von der Fußfläche des zu bildenden kegelförmigen Schutzraumes gerechnet. Die maximal zulässige Höhe der Fangstange ist Tabelle 4.1 zu entnehmen. Im Bild 4.7 sind die zwei grundsätzlichen Methoden zur Ermittlung des Schutzraumes dargestellt.

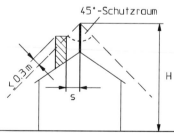

Bild 4.6: Fangstange mit Schutzraum

Bei einem Schutzwinkel von 45° [8] ergibt sich bei mehreren Fangstangen als Schutzraum die geometrische Überlagerung der Schutzräume der einzelnen Fangstangen. Bei Abständen der Fangstange $a \leq 30$ m wirkt zwischen den Fangstangen eine gedachte Fangleitung. Die Werte von ΔH können der Tabelle 4.2 entnommen werden. Ab 30 m Abstand der Fangstangen gilt nur

4 Grundsätze des Blitzschutzbaus

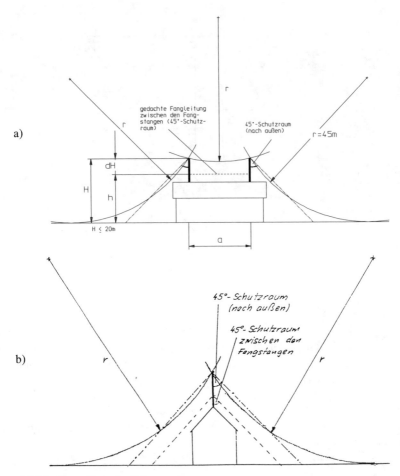

Bild 4.7: Feststellung des Schutzraumes
a) Vorderansicht b) Seitenansicht

der kegelförmige 45°-Schutzraum jeder Fangstange für sich allein. Exakter läßt sich der Schutzraum mit der Blitzkugel mit dem Radius r ermitteln, die über alle Fangstangen hinweggerollt wird (Bild 4.7).
Im Bild 4.8 ist der Konstruktionsablauf mit Zirkel und Lineal dargestellt:

1. Kreisbogen mit r (aus Tabelle 4.1) um die Spitze der Fangstange schlagen.
2. Parallele im Abstand r zur Fußfläche des Schutzraumes ziehen (hier Erdoberfläche).

4.1 Fangeinrichtung

Tabelle 4.2: Ermittlung von ΔH [24]

Abstand a in m	ΔH in m bei Fangstangenhöhe von		
	10 m	15 m	20 m
5	0,1	0,2	0,3
10	0,4	0,5	0,8
20	1,6	2,0	2,5
30	3,6	4,2	5,0

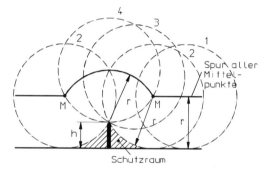

Bild 4.8:
Schutzraumkonstruktion

3. Vom Schnittpunkt beider Kurven (Mittelpunkt des Leitblitzkopfes) Kreisbogen mit dem Radius r schlagen – unter diesem liegt der Schutzraum (Kreis 2).

Das Bild verdeutlicht, daß bei Fehlen eines Modells die Kugel durch eine Scheibe und das Modell durch Ansichtszeichnungen ersetzt werden kann. Rollt man die Scheibe über die Zeichnung, so sind die möglichen Einschlagpunkte leicht zu ermitteln.

Wenn Fangstangen zum Schutz von Gasaustrittsöffnungen oder auf einem Schutzwall angebracht werden, gilt das Maß H [8] bzw. h [9] ab Austrittsöffnung oder Wallkrone. Als Fangstange können nach [43] Längen von 1 m, 1,5 m und 2 m mit Gewinde oder Lasche verwendet werden. Für größere Längen müssen die Fangstangen seitlich abgestützt oder *Rohrmaste* angefertigt werden (Bild 4.9). Die Rohrmaste sind am Dachgebälk mit Schellen und am Mauerwerk mit eingemauerten Konsolen zu befestigen. Im Gelände oder auf Wallkronen aufgestellte Rohrmaste sind zwischen zwei in einem Betonfundament eingelassenen U-Schienen mit Bolzen zu befestigen (Bild 4.10).

4 Grundsätze des Blitzschutzbaus

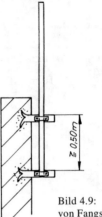

Bild 4.9: Befestigung von Fangstangen auf und an dem Gebäude

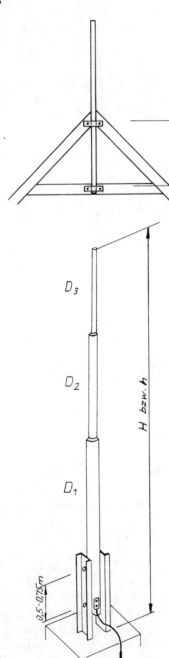

Bild 4.10: Aufstellung von Fangstangen neben Gebäuden

Masthöhe	Gewinderohr-durchmesser
$h_1 = 4$ m	88,9 mm (3")
$h_2 = 4$ m	60,3 mm (2")
$h_3 = 2$ m	33,7 mm (1")

4.1 Fangeinrichtung

Bei Mastlängen über 4 m sind die Rohrmaste in abgestufter Bauweise ineinandergesteckt und verschweißt oder geflanscht und verschraubt anzufertigen. Da für Rohrmaste überwiegend unverzinktes Rohr verwendet wird, müssen diese nachträglich feuerverzinkt werden. Ein Korrosionsschutzanstrich sollte zur Verlängerung der Lebensdauer zusätzlich aufgebracht werden.

4.1.4 Fangeinrichtungen an Dachaufbauten

Reichen Dachaufbauten über 0,3 m aus der Maschenebene bzw. aus dem Schutzraum heraus (s. Bild 5.7), so müssen sie mit Fangeinrichtungen versehen werden. Bei der Wahl zwischen *Fangleitung* (z.B. als Überspannung) und *Fangstange* sollte man sich nach der Konstruktion des Dachaufbaus richten. Für Schornsteine, Luftschächte, Dunstschlote, Entlüftungsrohre, Ablufthauben werden Fangstangen verwendet. Größere Anlagen, z.B. Kühltürme, Klimaanlagen, können mit mehreren Fangstangen mit Fangkäfig oder mit Fangleitungen geschützt werden.
Dachaufbauten aus nichtleitenden Baustoffen können meistens mit Fangstangen geschützt werden. Die Mündung der Dachaufbauten, z.B. des Schornsteins, muß im Schutzraum liegen (Bild 4.11).

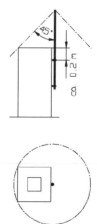

Bild 4.11: Schornstein mit Fangstange

Die Befestigung der Fangstangen an Schornsteinen erfolgt mittels Stangenhalters mit Holzschraube. Es dürfen keine Halter eingeschlagen und die Fangstangen nicht an der für den Schornsteinfeger vorgesehenen Aus- oder Aufstiegsseite angebracht werden (Zugänglichkeit). Ein vorhandenes Schutzgeländer auf dem Schornstein kann als Fangeinrichtung verwendet werden.

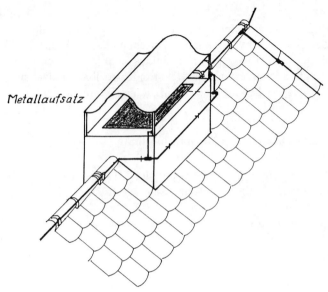

Bild 4.12: Führung der Firstleitung um einen Schornstein mit Anschluß des Metallaufsatzes

An Dunstrohren undAblufthauben werden Leitungen hochgeführt (s. Bild 4.5). An Schornsteinen und Kaminen, die im Dachfirst stehen, ist die Firstleitung seitlich am Schornstein vorbeizuführen (Bild 4.12). Fangeinrichtungen an Dachaufbauten und die auf dem Dach verlegte Fangleitung (Masche) sollten auf kürzestem Weg verbunden werden. Bei Steildächern sind lange steigende Leitungsführungen zu vermeiden. An Luftschächten können Fangleitungen unter Beachtung der austretenden Abgase montiert werden. Handelt es sich um aggressive Abgase, so ist nicht korrodierendes Material zu verwenden oder der Querschnitt zu erhöhen.

Dachaufbauten aus Metall ohne Verbindung zu geerdeten Bauteilen brauchen nach [8] nicht an die Fangeinrichtung angeschlossen zu werden, wenn alle folgenden Voraussetzungen erfüllt sind:

- Sie dürfen maximal 0,3 m aus dem Schutzbereich herausragen.
- Sie dürfen nicht weniger als 0,5 m von der Fangeinrichtung entfernt sein, oder der Sicherheitsabstand s nach (4.5), S. 105, wird unterschritten (s. Bild 4.6).
- Sie dürfen höchstens eine Fläche von 1 m^2 aufweisen (z.B. Dachfenster) oder höchstens 2 m lang sein (z.B. Blechabdeckung).

Wenn eine dieser Voraussetzungen nicht erfüllt ist, muß ein Anschluß vorgenommen werden.

4.1 Fangeinrichtung 61

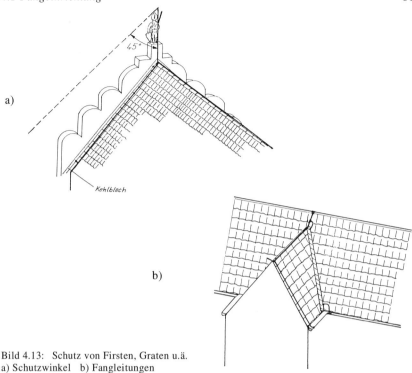

Bild 4.13: Schutz von Firsten, Graten u.ä.
a) Schutzwinkel b) Fangleitungen

Für den Schutz von *Turm- und Giebelspitzen, Giebelkanten, Mauerkronen, Fialen, Gaupen* kann nach dem Beispiel im Bild 4.13 verfahren werden. Ist die Giebelfigur gegen direkten Blitzschlag zu schützen, so ist eine Fangstange vorzusehen (Bild 4.13 a). Bei einem Giebelausbau ist der First zu schützen (Bild 4.13 b). Die Leitung muß mit der Hauptfirstleitung und an einer Giebelseite über die Regenrinne mit einer nahen Ableitung oder über eine eigene Ableitung mit dem Erder verbunden werden.

Besondere Probleme treten auf, wenn *Dachaufbauten mit elektrischen bzw. elektronischen Einrichtungen*, die in das Gebäude führen, versehen sind. Hierzu zählen z.B. Aufbauten für Klimaanlagen, Meßsysteme, elektrische Dachlüfter, Fernsehkameras, Flughindernis-Befeuerungsanlagen, Aufzüge. Zur Vermeidung von direkten Blitzeinschlägen ist eine isolierte Fangeinrichtung vorzusehen. Diese isolierte Fangeinrichtung, z.B. Fangstange (Bild 4.14), wird im Abstand s vom zu schützenden Dachaufbau errichtet, der sich voll im Schutzraum (BSZ 0/E) befinden muß. Damit wird erreicht, daß kein Teilblitzstrom über elektrische oder metallene Leitungssysteme in das Gebäude eindringen kann. Die Leitungssysteme sind lediglich gegen das Blitzfeld zu schützen.

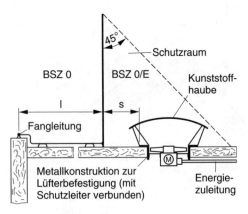

Bild 4.14: Fangstange isoliert vom Dachlüfter
$s > d$ nach Gleichung (4.5), S. 105; es gilt $k_c = 1$ und $k_m = 1$.

Ist die zu schützende Anlage, z.B. Lüftungs- und Klimaanlage, zu "großvolumig", so sollte ein maschenförmiger Fangkäfig aus Aluminiumprofilen errichtet werden. Zu beachten ist, daß der architektonische Eindruck nicht beeinträchtigt wird und daß auftretende Wind- und Eislasten beherrscht werden. Hochgezogene Brüstungen oder metallene Einhausungen auf dem Dach sind eine günstige Lösung, bedeuten aber eine rechtzeitige Abstimmung zwischen Blitzschutzfirma und Planer. Eine weitere Variante besteht in der geschirmten Ausführung der elektrischen Anlage. Da beim Zusammenschluß ein Teilblitzstrom über den Geräte- und Leitungsschirm fließt, muß dieser blitzstromtragfähig sein (vgl. Abschnitt 4.5). Innerhalb der Schirmung ist die BSZ 1, deshalb muß an der Schnittstelle BSZ 0/E → BSZ 1, z.B. in der Verteilung, die Einbeziehung in den örtlichen Potentialausgleich einschließlich Überspannungsableiter erfolgen (s. Bild 4.29).

4.2 Ableitungen

Ableitungen stellen die Verbindung zwischen der Fangeinrichtung und dem Erder her. Bei der Errichtung sollten folgende Grundsätze eingehalten werden:

– Möglichst kurze Verbindung ohne Schleifenbildung.
– Ausgehend von Gebäudeecken möglichst gleichmäßig auf den Gebäudeumfang verteilen.
– Die Abstände der Ableitungen können variabel sein, jedoch nicht kleiner als 10 m. Die ermittelte Gesamtzahl muß aber eingehalten werden.

4.2 Ableitungen

– Ableitungen sind möglichst in Verlängerung der Fangleitungen (Eck- und Knotenpunkte) anzuordnen.
– Außenliegende Metallteile (Rohre, Feuerleitern, Aufzugschienen, Blechverkleidung), Stahlstützen, Stahlbetonstützen (Bewehrungsstahl durchverbunden und Anschlußstellen vorgesehen) können als natürliche Ableitungen verwendet werden.

Bildungsregel nach DIN VDE 0185 Teil 1 [8]: Je 20 m Umfang der Dachaußenkante eine Ableitung. Die Ermittlung der Anzahl der Ableitungen kann nach Bild 4.15 vorgenommen werden. Bei baulichen Anlagen mit geschlossenen Innenhöfen ab 30 m Umfang des Innenhofes sind Ableitungen in 20 m

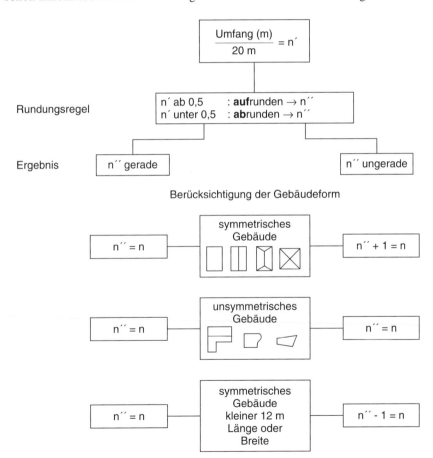

Bild 4.15: Ermittlung der Anzahl der Ableitungen n [24]

Abstand anzuordnen, mindestens jedoch zwei. Eine einzige Ableitung ist nur für Gebäude mit einem Umfang unter 20 m zulässig. Dies betrifft auch Bauwerke bis 20 m Höhe, wie freistehende Schornsteine, Türme, Kirchtürme. Bei Höhen über 20 m sind mindestens zwei Ableitungen vorzusehen. Bauliche Anlagen mit Grundflächen über 40 m x 40 m sollten innere Ableitungen nur dann erhalten, wenn keine wesentliche technische Ausstattung vorhanden ist. Sonst ist die Anzahl der äußeren Ableitungen zu erhöhen, ihr Abstand braucht aber nicht kleiner als 10 m zu sein. Wie die Schadensstatistik der letzten Jahre gezeigt hat, wurden elektrische Anlagen, wie Brandmeldeanlagen und Datenverarbeitungsanlagen, bei Blitzeinschlägen durch innere Ableitungen zerstört bzw. wurde z.b. die Löschanlage durch Störspannungen ausgelöst.

Fangstangen auf dem Dach erhalten mindestens eine Ableitung, wobei die Bildungsregel nach Bild 4.15 bei einem Umfang über 20 m anzuwenden ist (s. Bild 4.1, Anbau).

Bildungsregel nach DIN VDE 0185 Teil 100 [9]: Auf dem Gebäudeumfang sind Ableitungen im durchschnittlichen Abstand der Werte von Tabelle 4.3 anzuordnen. Es sind mindestens zwei Ableitungen erforderlich. Die Ableitungen müssen untereinander durch horizontale *Ringleiter* nahe der Erdoberfläche, z.b. über den Ringerder, und in Abständen von je etwa 20 m Höhe verbunden werden. Die Verbindung kann mit außen- oder innenliegendem Ringleiter erfolgen (s. Bild 4.2). Der horizontale Ringleiter braucht bei Stahlskelettbauten oder bei Stahlbetonbauten nicht installiert zu werden, wenn das Stahlskelett bzw. die Bewehrung als Ableitung dient.

Tabelle 4.3: Durchschnittlicher Abstand zwischen den Ableitungen in Abhängigkeit von der Schutzklasse [9]

Schutzklasse	mittlerer Abstand in m
I	10
II	15
III	20
IV	25

Ausführungshinweis: Ableitungen sind möglichst durchgehend ohne Leitungsverbinder auszuführen (Bild 4.16). Bei der Leitungsführung über Gesimse und Vorsprünge sind schlanke Etagenbögen erforderlich (Bild 4.17). Eigennäherungen sind ggf. mit Hilfe der Näherungsgleichung (4.5), S. 105, zu berechnen. Bei offenen Lagern mit Überdachung in der Landwirtschaft, z.B. bei Feldscheunen und Bergeräumen, müssen Ableitungen so gelegt werden, daß sie von den Heu- und Strohstapeln 0,5 m Abstand haben. In der

4.2 Ableitungen

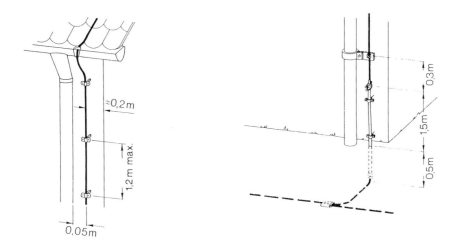

Bild 4.16: Montage der Ableitung

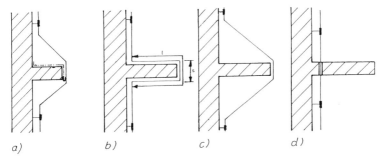

Bild 4.17: Eigennäherung von Ableitungen an Vorsprüngen
a), c), d) richtige Montage
b) Berechnung der Eigennäherung mit (4.5)
$k_m = 0{,}5$, $k_c = 1$, k_i nach Tabelle 4.12

Praxis haben sich hinter den Ableitungen angebrachte Bretterverschalungen von 1 m Breite bewährt (Bild 4.18).
In die Ableitungen sind zu Meßzwecken *Trennstellen* einzubauen (Bild 4.18). Bei Stahlskelettbauten, Nutzung der Bewehrung in Stahlbetonstützen, Metallfassaden usw. ist die Trennstelle unwirksam und deshalb entbehrlich. Ableitungen sollen von Türen, Fenstern und sonstigen Öffnungen 0,5 m entfernt sein. Sind diese oder auch andere Teile der Fassade aus Metall, so ist ggf. die Einhaltung der Näherungsbedingung (4.5) zu überprüfen. Ableitungen dürfen unter Putz, in Beton, in Fugen, in Schlitzen oder Schächten verlegt werden. In Schornsteinen (auch stillgelegten), Klimakanälen und Regenfallrohren ist die Verlegung dagegen unzulässig.

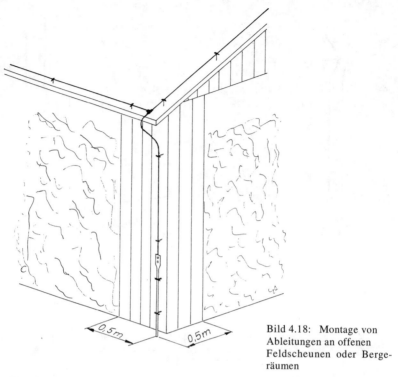

Bild 4.18: Montage von Ableitungen an offenen Feldscheunen oder Bergeräumen

In der Praxis hat sich die Nutzung von senkrechten *Bewehrungsstählen* in Stahlbetonstützen bzw. in monolithischen Stahlbetonwänden oder der Stahlstützen von Stahlskelettbauten als Ableitung zunehmend durchgesetzt. Die senkrechten Bewehrungsstähle müssen blitzstromtragfähig sein, d.h., ihr Mindestquerschnitt muß den Werten der Tabelle 3.2 entsprechen. Sie dürfen nur durch Schweißen oder Klemmen (Verbinder nach DIN 48 810) verbunden werden. Die Ausführung kann zwar vom Baubetrieb erfolgen, muß aber vom Blitzschutzfachmann während der gesamten Bauphase überprüft werden. Ist eine baubegleitende Überprüfung nicht möglich, so ist in den Beton ein gesonderter Stahl einzulegen. Bei der Herstellung von Fertigteilstützen muß der Blitzschutzfachmann im Betonwerk eine Anweisung zur Herrichtung eines Bewehrungsstahls als Ableiter geben. Ist dies nicht möglich, so ist ein gesonderter Stahl einzulegen. Der Anschluß an den Bewehrungsstahl ist über eine *Anschlußplatte* herzustellen, für die Edelstahl, Werkstoffnummer 1.4551 zu verwenden ist. Die Anschlußplatte soll mit der Oberfläche des Betons bündig sein. Um auch spätere Anschlüsse an die Ableiter zu ermöglichen, sollte in jedem Geschoß ca. 150 mm über der Oberfläche des Fußbodens eine Anschlußplatte je Ableiter vorgesehen werden. Stahlstützen werden oft aus brandschutztechnischen Gründen ummauert. Ist durch fehlende Anschlußstellen eine Nutzung nicht möglich, so dürfen Leitungen nur dann auf die Mauerung montiert werden, wenn die Näherungsbedingung (4.5) zwischen den Ableitungen und den Stahlstützen eingehalten ist. Die Ableitung und auch die Fangleitung sind auf *Haltern* zu befestigen. Der Abstand der Halter untereinander wird durch das Leitungsmaterial bestimmt:

Stahldraht	max. 1,0 m,
Aluminiumdraht	0,7 m,
Kupferdraht	0,8 bis 1,0 m.

Der Halter ist so in die Wand einzuschlagen, daß maximal 3 cm außerhalb der Wand verbleiben.
Leitungen sind an Eintritts- und Austrittsstellen in Mauerwerk oder Beton mit einem Bogen zu versehen (Wassersack oder Tropfnase), damit das an den Leitungen ablaufende Wasser nicht in die Wand eindringen kann. An der Übergangsstelle in Beton oder Erde ist ein Korrosionsschutz, z.B. Bitumenbinde (Bild 4.16), erforderlich.
Metallene *Regenfallrohre* können als Ableitungen verwendet werden, wenn die Stoßstellen gelötet oder mit gelöteten oder genieteten Laschen verbunden sind. Sonst sind die Regenfallrohre in jedem Fall unten in den Blitzschutz-Potentialausgleich einzubeziehen. Eine Verbindung mit der Fangeinrichtung erfolgt meistens über die Regenrinne, die an der Kreuzungsstelle mit der Ableitung verbunden werden muß (Bild 4.16).
Metallfassaden können als Ableitung verwendet werden, wenn

- es die Konstruktion zuläßt,
- ihre Dicke nicht weniger als 0,5 mm beträgt und
- sie elektrisch leitend in der Senkrechten durchverbunden sind.

Die konstruktive Vielfalt von Metallfassaden erfordert immer eine enge Zusammenarbeit der Blitzschutzfirma mit dem Architekten und der Fassadenbaufirma bereits während der Bauphase. Späteres blitzschutztechnisches Herrichten von Metallfassaden führt zu keinem befriedigenden Ergebnis. Die Metallfassade kann gleichzeitig als idealer Gebäudeschirm genutzt werden (s. Abschnitt 4.5).

4.3 Isolierte äußere Blitzschutzanlage

Bei einer isolierten Blitzschutzanlage werden die Fangeinrichtung und die Ableitungen so angebracht, daß der Blitzstrom mit dem zu schützenden Bauwerk nicht in Berührung kommt. Metallene Installationen, metallene

Bauwerks- und Konstruktionsteile werden weder außen noch im Bauwerk mit der isolierten Anlage verbunden. Sie dürfen auch nicht selber als Bestandteil der isolierten Blitzschutzanlage genutzt werden. Die Näherungsbedingung (4.5), S. 105, muß eingehalten werden. Eine Sichtprüfung sollte besonders auf dem Dachboden wegen der dort verlegten elektrischen Leitungen erfolgen. Schwierigkeiten bereiten auch auf dem Dach vorhandene Rundfunk- und Fernsehantennen mit der direkt unter dem Dach liegenden Verstärkeranlage. Bei Gebäuden mit durchgehend verbundenen leitenden Teilen, wie Stahlkonstruktionen oder bewehrter Beton, muß zwischen der isolierten Blitzschutzanlage und diesen leitfähigen Teilen ebenfalls die Näherungsbedingung eingehalten werden. Dies bedeutet, daß zur Leitungsbefestigung isolierte Halter verwendet werden müssen.
Eine isolierte Blitzschutzanlage wird vor allem zum Schutz von Dachaufbauten (Bilder 4.14 und 5.10 b), von turmartigen Bauwerken (Bild 5.4 b) und von Gebäuden mit weicher Dachbedeckung installiert.

4.4 Erdungsanlage

4.4.1 Grundforderungen

Für jede Blitzschutzanlage muß eine Erdungsanlage errichtet werden, sofern nicht schon ausreichend natürliche Erder, z.B. Fundamenterder, Bewehrungen von Stahlbetonfundamenten, Stahlteile von Stahlskelettbauten oder Spundwände, vorhanden sind. Die Erdung muß ohne Mitverwendung von metallenen Wasserleitungen, anderen Rohrleitungen und geerdeten Leitern der elektrischen Anlage voll funktionsfähig sein. Um den Blitzstrom in der Erde zu verteilen, ohne gefährliche Überspannungen hervorzurufen, sind Form und Abmessungen der Erdungsanlage wichtiger als ein bestimmter Wert des Erdungswiderstandes. Im allgemeinen wird jedoch ein niedriger Erdungswiderstand empfohlen. Hieraus folgt, daß der Blitzschutz-Potentialausgleich in der Erderebene flächenhaft und lückenlos mit allen metallenen Installationen, Baukonstruktionen und aktiven Leitern auszuführen ist.
Unter dem Gesichtspunkt des Blitzschutzes ist eine einzige, in die bauliche Anlage integrierte Erdungsanlage zu bevorzugen, die für alle Zwecke geeignet ist (Blitzschutz, Niederspannungs-Energieanlage, Fernmeldeanlagen). Hierbei ist zu beachten:

4.4 Erdungsanlage

- Der *Fundamenterder* ist als Basiserder vorzuziehen. Er wird in das Betonfundament korrosionsgeschützt eingebettet und umspannt die bauliche Anlage ringförmig, wobei diese praktisch auf ihm steht.
- Bei gemeinsamer Nutzung einer Erdungsanlage für verschiedene Zwecke sind die mitgeltenden Normen hinsichtlich Erdungswiderstand und Zusammenschlußbedingungen zu beachten (Tabelle 4.4).

Als Blitzschutzerder können folgende Typen von Erdern verwendet werden:

Fundamenterder
ein oder mehrere Ringerder   } Oberflächenerder, in mindestens 0,5
Strahlerder   } bis 1 m Tiefe eingebracht
Schrägerder

Schrägerder   } Tiefenerder, im allgemeinen lotrecht
Vertikalerder   } in größere Tiefen eingebracht

Die Erdtypen können kombiniert werden, z.B. zur Potentialsteuerung. Eine Kombination gleichmäßig verteilter Erder ist einem einzelnen, langen Erder vorzuziehen.

Für die Blitzschutzerdung ist der *Stoßerdungswiderstand* (R_{St}) von Bedeutung, der nicht immer gleichbedeutend mit dem gemessenen oder näherungsweise berechneten *Ausbreitungswiderstand* (R_A) ist. Beim Blitzdurchgang sind im Erdreich – ausgehend vom Erder – Funkentladungen möglich, woraus sich eine Verkleinerung von R_{St} gegenüber R_A ergibt. Bei halbkugelförmigen Erdern, z.B. stahlarmierten Betonfundamenten, treten die genannten Effekte nicht auf ($R_{St} = R_A$). Die rechnerische Ermittlung von R_{St} (Tabelle 4.5) sollte immer bei der Einzelerdung sowie bei der Nutzung von Einzelfundamenterdern erfolgen. Zur Abschätzung der Blitzschutzerdung, auch als Vergleichswert für die Erdungsmessung, ist eine überschlägliche Berechnung des Ausbreitungswiderstandes zweckmäßig (Tabelle 4.6).

Für den Einsatz von *Tiefenerdern* sind folgende Gesichtspunkte maßgebend:

- Hat das Erdreich in der Tiefe eine bessere Leitfähigkeit als an der Oberfläche, so ist der Tiefenerder wirtschaftlicher als der Oberflächenerder. Zur Entscheidung sollte in jeden Fall der spezifische Erdungswiderstand in Abhängigkeit von der Tiefe gemessen werden.
- Tiefenerder werden ohne Grabarbeiten und Flurschäden eingebracht. Sie sind wegen des konstanten Ausbreitungswiderstandes gut zur Verbesserung bestehender Erdungsanlagen geeignet. Außerdem sind sie in bebautem Gelände, z.B. betonierten Flächen, geeignet.
- Werden die Tiefenerder in ihrem oberen Bereich mit isolierten Anschlußleitungen versehen, so wird eine günstige Schrittspannungsverteilung erreicht. Mit zunehmender Tiefe des oberen Erderendes wird der Spannungstrichter flacher und somit die Schrittspannung kleiner.

Tabelle 4.4: Anforderungen an Erdungsanlagen

Erdungsanlage für	Erdungswiderstand	Zusammenschlußbedingungen
Blitzschutzanlage	kein konkreter Wert, jedoch ein möglichst niedriger Wert gefordert	–
Blitzschutzanlage für explosivgefährdete Bereiche (DIN VDE 0185 T 2, Abschn. 6.3.4.5)	je Gebäude oder Gebäudegruppe $R \leq 10\ \Omega$	–
Hochspannungs- und Niederspannungsanlagen (ausgenommen FU-Schutzschaltung)	– Hochspannungsanlagen nach DIN VDE 0141 [25] – Niederspannungsanlagen nach DIN VDE 0100 T 410, für TN- und TT-Netz nach Abschn. 6.1.8 [26]	– Der Zusammenschluß von Erdungsanlagen für Hochspannungs- und Blitzschutzanlagen richtet sich immer nach den Bedingungen der DIN VDE 0141. Die Entscheidung trifft der Betreiber der Hochspannungsanlage, auch über den Einsatz von Trennfunkenstrecken. Er ist auch für die Koordinierung bei vorhandenen Anschlußgleisanlagen und Rohrleitungen zuständig. – Gemeinsame Nutzung von Niederspannungs- und Blitzschutzerdungsanlagen ist zulässig.
FU-Schutzschaltung in Niederspannungsanlagen	Bedingungen nach DIN VDE 0100 T 410	Zusammenschluß des Hilfserders mit dem Blitzschutzerder nur über Trennfunkenstrecke zulässig. Der Hilfserder muß außerhalb des Spannungstrichters des Blitzschutzerders liegen.

4.4 Erdungsanlage

Erdungsanlage für	Erdungswiderstand	Zusammenschlußbedingungen
Fernmeldeanlagen	Nach FBO 14 [27]; die Höchstwerte für die Funktionserdung bewegen sich anlagenbezogen von 30 Ω bis 0,5 Ω und sind deshalb im zuständigen Fernmeldeamt zu erfragen.	Nach DIN VDE 0800 T 2, Abschn. 6.2.1 [18] gemeinsame Nutzung zulässig.
Antennenanlagen nach DIN VDE 0855 T 1 [29]	keine konkrete Forderung	Nach DIN VDE 0855 T 1, Abschn. 6.1.2.5 gemeinsame Nutzung zulässig. Zusammenschluß mit ungeerdeten elektrischen Gegengewichten der Antennenanlage ist unzulässig. Einsatz von Trennfunkenstrecken ist mit dem Antennenbetreiber zu klären.
Bahnanlagen nach DIN VDE 0115 [30]	keine	Das Gleisnetz ist als Impulsstromerder nicht zugelassen. Befindet sich das Gleisnetz in unmittelbarer Nähe von Gebäuden, so wird der Gebäudeerder mit dem Gleisnetz zusammengeschlossen (Potentialausgleich). Bei Gleichstrombahnen erfolgt kein Zusammenschluß (wegen vagabundierender Ströme). Die Entscheidung über Zusammenschluß oder Einsatz von Trennfunkenstrecken trifft letztlich der Betreiber der Bahnanlage.

Erdungsanlage für	Erdungswiderstand	Zusammenschlußbedingungen
Anlagen mit katodischem Korrosionsschutz und Streustromschutzmaßnahmen nach DIN VDE 0150 [31]	keine	Zusammenschluß mit Blitzschutzerder nur über Trennfunkenstrecke zulässig, muß aber mit Betreiber der Anlage gemeinsam festgelegt werden.
Meßerder für Laboratorien	legt der Betreiber fest	Zusammenschluß mit Blitzschutzerder nur über Trennfunkenstrecke zulässig, mit Betreiber absprechen.
Bezugspotential von elektronischen Anlagen	möglichst niedriger Erdungswiderstand (elektromagnetischer Flächenpotentialausgleich auf Erderniveau)	Gemeinsame Nutzung zulässig, die Beachtung von DIN VDE 0800 T 2 ist zu empfehlen.

4.4 Erdungsanlage

Tabelle 4.5: Formeln zur Berechnung des Ausbreitungs- und Stoßerdungswiderstandes für verschiedene Erder [24]

Erder	Ausbreitungswiderstand Faustformel	Ausbreitungswiderstand Hilfsgröße	Stoßerdungswiderstand wirksame Erderlänge	Stoßerdungswiderstand Faustformel
Oberflächenerder (Strahlenerder)	$R_A = \dfrac{2\,\rho_E}{l}$	—	$l_{eff} = 0{,}28\sqrt{\hat{i}\,\rho_E}$	$R_{St} = \dfrac{2\,\rho_E}{l_{eff}}$
Tiefenerder (Staberder)	$R_A = \dfrac{\rho_E}{l}$		$l_{eff} = 0{,}2\sqrt{\hat{i}\,\rho_E}$	$R_{St} = \dfrac{\rho_E}{l_{eff}}$
Ringerder	$R_A = \dfrac{2\,\rho_E}{3D}$	$D = 1{,}13\sqrt{A}$	—	—
Maschenerder	$R_A = \dfrac{\rho_E}{2D}$	$D = 1{,}13\sqrt{A}$	—	—
Halbkugelerder (Einzelfundamenterder)	$R_A = \dfrac{\rho_E}{\pi D}$	$D = 1{,}57\sqrt[3]{V}$	—	$R_{St} = R_A$

R_A Ausbreitungswiderstand (Ω)
R_{St} Stoßerdungswiderstand (Ω)
l Länge des Erders (m)
l_{eff} wirksame Erderlänge (m)
ρ_E spezifischer Erdungswiderstand (Ωm) nach Tabelle 4.6

D Durchmesser eines Ringerders, Durchmesser der Ersatzkreisfläche eines Maschenerders, Durchmesser eines Halbkugelerders (m)

A umschlossene Fläche (m^2) eines Ring- oder Maschenerders

V Inhalt (m^3) eines Einzelerderfundaments

$\hat{i}$ Blitzstrom (kA) nach Tabelle 3.3

Tabelle 4.6: Spezifischer Erdungswiderstand und Ausbreitungswiderstand von verschiedenen Erdern

Bodenart	spezifischer Erdungswiderstand ρ_E in Ωm		Ausbreitungswiderstand in Ω						Ringerder	
			Staberder		Banderder					
			Rundstahl 26…60 mm $\varnothing$		Bandstahl 30 mm x 4 mm Rundstahl 10 mm $\varnothing$				40 mm x 5 mm 20 m Durchmesser	
	Bereich	Mittelwert	3 m Länge	6 m Länge	5 m Länge	10 m Länge	20m Länge			
Moor, Sumpf, Humuserde in feuchter Lage, Löß	20 - 40	30	10	5	12	6	3	1		
Lehm, Ton, Ackerboden	90 - 150	100	33	17	40	20	10	4		
sandiger Lehm		150	50	25	60	30	15	5		
Sand, feucht	200 - 400	250	66	33	80	40	20	7		
Sand, trocken	1000 - 1200	1100	330	165	400	200	100	32		
Kies, feucht			166	63	200	100	50	16		
Kies, trocken	200 - 1100	650	330	165	400	200	100	32		
steiniger Boden	100 - 1300	1000	1000	500	1200	600	300	95		

4.4 Erdungsanlage

- Zur Reduzierung der gegenseitigen Beeinflussung sollen bei parallelgeschalteten Tiefenerdern die Abstände der Einzelerder nicht kleiner als die Eintreibtiefe sein.

Werden erdverlegte Anlagen und Installationen an Blitzschutz-Erdungsanlagen vorbeigeführt und der Sicherheitsabstand s unterschritten, so muß über den Zusammenschluß entschieden werden (Bild 4.19). Wegen der Korrosionsgefahr ist der Zusammenschluß über eine Trennfunkenstrecke vorzunehmen (vgl. Tabelle 4.4). Für den Sicherheitsabstand gilt [32]:

$$s > \frac{\hat{\imath} \cdot R_A}{E_d} \qquad (4.1)$$

s Sicherheitsabstand in m,
E_d Durchschlagfestigkeit des Bodens in kV/m (im Boden etwa 500 kV/m),
$\hat{\imath}$ Blitzstrom in kA nach Tabelle 3.13,
R_A Ausbreitungswiderstand in Ω.

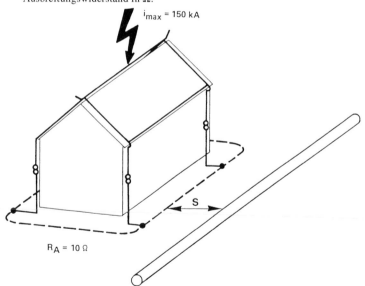

Bild 4.19: Sicherheitsabstand s zwischen erdverlegten Installationen und dem Blitzschutzerder [32]

Maßnahmen gegen die Gefährdung durch Berührungs- und Schrittspannungen sind bei blitzgefährdeten Bauwerken im Bereich der Eingänge, Aufgänge und Fußpunkte vorzusehen (s. S. 86). Das betrifft z.B. Aussichtstürme,

Schutzhütten, Kirchtürme, Kapellen, Standorte an Flutlichtmasten und Brücken.
Freistehende Konstruktionen oder Behälter aus Metall mit großflächiger Bodenauflage benötigen keine besondere Erdungsanlage. Dies gilt auch für Behälter, an die Rohrleitungen mit Erderwirkung angeschlossen sind.
In Industrieanlagen sind alle Erder miteinander zu einem *Flächenerder* zu verbinden. Die entstehenden Maschen sollten höchsten 10 m x 20 m groß sein. Damit werden Potentialdifferenzen reduziert.
In Bereichen mit besonderer Blitzgefährdung, z.B. bei einzelstehenden Bäumen in unmittelbarer Nähe von Kabeln oder Verteilerkabeln bei der Einführung in die Kopfstation einer Antennenanlage, sind die Kabel mittels darüber- (Abstand 0,1 m) oder danebenliegender (Abstand 0,3 m) künstlicher Erder gegen Blitzeinwirkung zu schützen.
Eine Blitzschutzanlage ist immer von der Erdungsanlage her zu errichten. Die Anschlüsse an die Erdungsanlage sind so herzustellen, daß bereits während der Montage der Fangeinrichtung und der Ableitungen ein provisorischer Anschluß möglich ist.

4.4.2 Erderanordnung

Bildungsregel nach DIN VDE 0185 Teil 1 [8]: Ein *Ringerder* soll in mindestens 0,5 m Tiefe möglichst als geschlossener Ring in einem Abstand von etwa 1 m um das Außenfundament des Bauwerks verlegt werden. Der Ring darf über das Fundament (Fundamenterder) und auch innen an der Außenwand geschlossen werden (Bild 4.20). Der Teilring innen an der Außenwand hat allerdings keine Erderwirkung. Für diesen Teilring können auch metallene Rohrleitungen (außer Gasleitung) oder sonstige metallene Bauteile verwendet werden. Der im Erdboden bzw. Fundament verbleibende Teilring muß mindestens den Bedingungen eines Einzelerders für jede Ableitung genügen.
Als *Einzelerder* sind je Ableitung entweder

- ein Oberflächenerder mit 20 m Länge oder
- ein Tiefenerder mit 9 m Länge

in etwa 1 m Abstand vom Fundament des Bauwerks zu verlegen. Es können auch Einzelfundamente mit mindestens 5 m^3 verwendet werden (Bild 4.25). Metallteile im Erdboden können als Einzelerder verwendet werden, wenn sie den genannten Abmessungen je Ableitung entsprechen.

4.4 Erdungsanlage

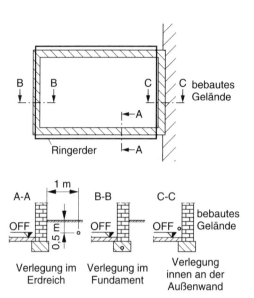

Bild 4.20: Ringerder

Die erforderlichen Erderlängen können aufgeteilt werden, wobei der Winkel zwischen zwei Strahlen nicht kleiner als 60° sein darf.
Zweckmäßigerweise werden alle Einzelerder durch eine Potentialausgleichsringleitung, die innen im Gebäude an den Außenwänden verlegt wird, verbunden. Hierzu kann auch der Erdungssammelleiter nach [27] verwendet werden (s. Bild 5.18).

Bildungsregel nach DIN VDE 0185 Teil 100 [9]: Beim *Ringerder* (oder *Fundamenterder*, als Ring geschlossen) darf der mittlere Radius r des eingeschlossenen Bereiches nicht weniger als l_1 betragen:

$$r \geq l_1 ; \tag{4.2}$$

l_1 ist Bild 4.21 zu entnehmen.
Ist der geforderte Wert von l_1 größer als der entsprechende Wert von r, so müssen mindestens zwei zusätzliche Strahlen- und Vertikalerder (oder Schrägerder) hinzugefügt werden. Die Längen l_h (horizontal) und l_v (vertikal) ergeben sich aus

$$l_h = l_1 - r , \tag{4.3}$$

$$l_v = \frac{l_1 - r}{2} . \tag{4.4}$$

Nach [9] wird diese Anordnung mit Typ B bezeichnet. Dem Typ B ist gegenüber dem Einzelerder (Typ A) in der Anwendung der Vorzug zu geben.

4 Grundsätze des Blitzschutzbaus

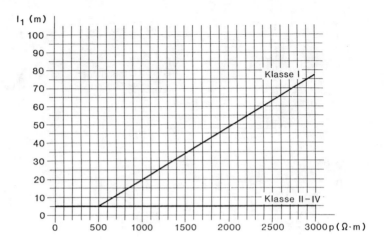

Bild 4.21: Mindestlänge von Erdern entsprechend den Blitzschutzklassen

Der *Einzelerder* (Typ A), bestehend aus Strahlen- oder Vertikalerder, ist für kleine Gebäude bei niedrigem spezifischem Erdungswiderstand geeignet. Jede Ableitung soll mindestens mit einem Einzelerder verbunden werden. Es müssen mindestes zwei Einzelerder vorhanden sein. Die Mindestlänge jedes Einzelerders beträgt l_1 für horizontale Strahlenerder (l_1 ist Bild 4.21 zu entnehmen) oder 0,5 l_1 für Vertikalerder (bzw. Schrägerder). Die Länge eines Vertikalerders (Tiefenerders) beträgt in SK II und SK III 2,5 m, wobei sich der Erder im gewachsenen Boden befinden muß. Bei einem Tiefenerder nach [8] von 9 m Länge wird das nicht ausdrücklich gefordert; bei dieser Länge wird das Eindringen in den gewachsenen Boden angenommen.
Wenn der gemessene Ausbreitungswiderstand kleiner als 10 Ω ist, können die Mindestlängen nach Bild 4.21 unberücksichtigt bleiben. Werden Strahlenerder und Vertikalerder kombiniert eingesetzt, so ist die Gesamtlänge aus beiden Erdern maßgebend.

4.4.3 Ausführungshinweise

Fundamenterder

Fundamenterder sind metallene Leiter, die ins Fundament des Bauwerks – unterhalb der Erdoberfläche – eingelegt werden (Bilder 4.22 bis 4.25). Als Werkstoff eignet sich verzinkter Stahl, z.B. Bandstahl 30 mm x 3,5 mm, Rundstahl 10 mm, Bewehrungsstahl oder die Bewehrung selbst.

4.4 Erdungsanlage

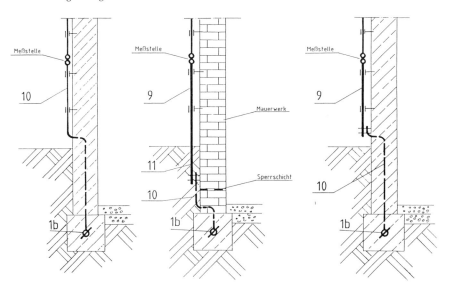

Bild 4.22: Fundamenterder und Erdungsleitung in Außenwänden aus Mauerwerk

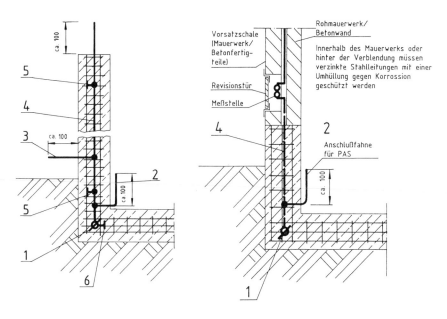

Bild 4.23: Fundamenterder in Stahlbetonfundament mit Anschlußfahnen und im Beton verlegter Ableitung

4 Grundsätze des Blitzschutzbaus

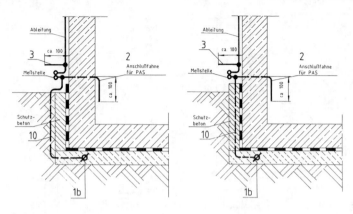

Bild 4.24: Fundamenterder bei druckwasserdichter Wanne

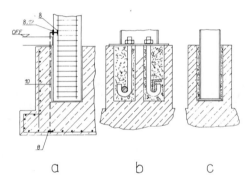

Bild 4.25: Fundamenterder in Einzelfundament

a) bewehrtes Hülsenfundament mit Stahlbetonstütze
b) Stahlstütze mit Verankerung
c) eingespannte Stahlstütze

Legende zu den Bildern
4.22 / 4.23 / 4.24 / 4.25

⌀ Fundamenterder (Schnitt)
--- Erderanschlußleitung
— Ableitung
● Leitungsverbindung (Abzweigklemme)
╫ Leitungsverbindung an Erdeinführung
├ Anschlußstelle
−∞− Meßstelle
╢╟ Leitungshalter/ Stangenhalter

Erläuterung zu den Bildern 4.22 – 4.25
1 Fundamenterder, Rd 10 oder Fl 30, in Bewehrung einziehen, (Flachband je nach baulichen Gegebenheiten flach oder hochkant) und in Abständen von ca. 2 m mit Bewehrung verrödeln. Betongüte mindestens B 25.
1a) Fundamenterder, Rd 10 oder Fl 30 auf der Bewehrung des Unterbetons verlegen (Flachband flach), s.w.v.
1b) Rd 10, Fl 30, in unbewehrtem Beton auf Abstandshalter einbetten, Fl 30 hochkant einbauen (Betongüte mindestens B 25).
2 Anschlußfahne für Blitzschutz-Potentialausgleich oberhalb der Sohle aus Beton herausführen.
3 Anschlußfahne für Anschlüsse an Metallkonstruktion, Metallfassaden, Regenfallrohre, Rohrleitungen und dergl.

4.4 Erdungsanlage

4 Ableitungen Rd 8 durchgehend in Beton verlegen und auf ganzer Länge mit der Bewehrung verrödeln. Länge über Dach mindestens 1 m.
5 Verrödelung mit Bewehrung möglichst in Abständen von 2 m.
6 Verrödelung mit Bewehrung möglichst in Abständen von 2 m.
7 Telleranker
8 Schweißverbindung
9 Erdeinführung Rd 16
10 Anschlußfahnen
 – Rd 10 mit PVC-Mantel
 – NYY, 50 qmm
 – Rd 8 – Cu mit Bleimantel (im Beton mit Korrosionsschutzbinde umhüllen)
 – V 4 A-Stahl Fl 30, Rd 10
11 Isolierung mit Korrosionsschutzbinde ab Verbindungsstück bis ca. 0,3 m über ±0
12 Anschlußplatte 80 x 80 x 8 aus Stahl mit Bewehrung verschweißen

Dieser metallene Leiter ist im Fundament über der Fundamentsohle am Umfang des Gebäudes zu verlegen. Günstig ist es, wenn ein Maschennetz mit mindestens der gleichen Maschenweite wie bei der Fangeinrichtung vorgesehen werden kann. Die Mindestbetonüberdeckung beträgt 50 mm. Eingelegte Stähle sind mit vorhandenen Bewehrungen zur Lagefixierung in Abständen von etwa 2 m zu verrödeln.

Für den Anschluß der Ableitung und des Blitzschutz-Potentialausgleichs sind ausreichend Erdungsleitungen bzw. Anschlußfahnen bereitzustellen (Bilder 4.22 bis 4.25). Erdungsleitungen bzw. Anschlußfahnen sind im Beton bzw. Mauerwerk hochzuführen und oberhalb der Erdoberfläche herauszuführen. Eventuelle spätere Erdaufschüttungen sind zu berücksichtigen. In der aufgehenden Ziegelwand liegt eine Bitumenpappe als Feuchtigkeitssperre, durch die die Erdungsleitung hindurchgeführt werden kann. Das ist im allgemeinen problemlos, sollte aber sorgfältig ausgeführt werden. Für die Erdungsleitungen bzw. Anschlußfahnen ist verzinkter Stahl zu verwenden, der in Beton bzw. Mauerwerk gegen Korrosion zu schützen ist, z.B. mit einer Bitumenbinde. Dieser Korrosionsschutz ist bis auf ca. 30 mm in der Luft weiterzuführen. Muß eine Verlegung im Erdreich erfolgen, so sind Leiter mit Bleimantel oder Kabel NYY (z.B. 50 mm^2 Cu) oder Flachband-Edelstahl 30 mm x 3,5 mm, Werkstoffnummer 1.4541, zu verwenden. Die freien Enden der Erdungsleitungen bzw. Anschlußfahnen sollten farblich, z.B. rot, gekennzeichnet werden.

Im Beton ist auch für die Verbindungen (außer bei Magerbeton) kein Korrosionschutz erforderlich. Dagegen müssen die Verbindungen zwischen der Stahlbewehrung und den Kupferleitern sowie freie Kupferoberflächen und gegebenenfalls vorhandene Bleimäntel gegen Korrosion geschützt werden.

Bei druckwasserdichten Wannen oder bei einer Betonplatte als Fundament ist der Fundamenterder in die darunterliegende Unterbetonschicht einzubringen (Bild 4.24). Es sollte ein Maschennetz mit einer Maschenweite von maximal 10 m vorgesehen werden. Die Erdungsleitungen sind außerhalb der Isolierung hochzuführen, da eine Durchführung nicht druckwasserdicht hergestellt werden kann. Muß durch das Erdreich hochgeführt werden, so ist Kupferkabel zu verwenden. Zweckmäßigerweise wird die Schweißverbindung Stahl – Kupfer in einer Werkstatt vorgefertigt und das Rundeisenstück (Rundeisen ca. 0,5 m Länge) auf der Baustelle mit dem Maschennetz verschweißt. Anschließend ist die Schweißstelle Stahl – Kupfer mit einer Bitumenbinde gut gegen Korrosion zu schützen.

Zur Verbindung der metallenen Leiter können Keil-, Schraub- und Schweißverbindungen angewendet werden. Rödelverbindungen sind nur zur Einbeziehung der Bewehrung (Potentialausgleich) zu nutzen. Die Verbindungen müssen blitzstromtragfähig entsprechend der festgelegten Schutzklasse (Tabelle 3.3) sein.

Bei Schweißverbindungenen soll

- die Schweißnahtdicke mindestens 3 mm betragen,
- die Schweißnahtfläche mindestens dem kleinsten verschweißten Stahlquerschnitt entsprechen und
- die Schweißnahtlänge bei Rundstahl mindestens 100 mm betragen.

Wird die Bewehrung als Fundamenterder genutzt, so muß mindestens ein darunterliegender Bewehrungsstahl (mindestens 10 mm $\varnothing$) durchgängig am Umfang des Gebäudes verschweißt werden. Bewegungsfugen sind durch Herausführen des Fundamenterders und Verbinden mit einem Dehnungsband zu überbrücken. Die Benutzung von Spannstählen als Fundamenterder ist nicht zulässig.

Ist das Bauwerk auf Einzelfundamente gegründet, so sind alle vorhandenen Einzelfundamente als Fundamenterder zu nutzen. Die Verbindung der Einzelfundamenterder zu einen Maschennetz ist im Beton des Fußbodens im untersten Geschoß herzustellen. Eine Verbindung über die Baukonstruktion im untersten Geschoß oberhalb der Gründung ist nur bei einer Nutzung ohne wesentliche Informationsanlagen zu empfehlen.

Die Ausbildung des Fundamenterders im Einzelfundament kann wie folgt erfolgen:

- unbewehrtes Fundament: Einlegen eines verzinkten Rundeisens über der Fundamentsohle zum Ring, Länge ca. 2,5 m,
- bewehrtes Fundament: Verschweißen eines Bewehrungsstahls über der Fundamentsohle zum Ring (Bild 4.25a),
- Fundamente mit eingespannten Stahlstützen: Nutzung der eingespannten Stahlstützen oder deren Verankerung, wenn diese mindestens 650 mm unter der Erdoberfläche OF liegen (Bild 4.25b und c).

Werden Fundamenterder in Fernmeldegebäuden der Deutschen Bundespost Telekom errichtet, so sind die Forderungen der FBO 14 [27] zu berücksich-

4.4 Erdungsanlage

tigen. Die Errichtung des Fundamenterders kann vom Baubetrieb erfolgen, muß aber vom Blitzschutzfachmann überwacht werden.

Halbzeuge, Werkstoffe, Abmessungen

Die Mindestabmessungen für Erder sind in der Tabelle 3.2 zusammengestellt. Die Auswahl der Erder und Erdungsleitungen kann nach Tabelle 7.2 erfolgen. Werden Bewehrungen, metallene Rohrleitungen, Metallkonstruktionen als Erder oder Erdungsleitungen verwendet, so müssen die Querschnitte den Werten der Tabelle 7.2 entsprechen. Erdungsleitungen, die gleichzeitig als Schutzleiter dienen, müssen den Forderungen nach [44] und als Potentialausgleichsleiter der Tabelle 3.2 entsprechen.

Anordnung

Erder sollen in eine Tiefe von mindestens 0,5 m eingebracht werden. Auf land- und forstwirtschaftlich genutzten Flächen sollte die Legetiefe mindestens 0,85 m betragen (Tiefpflügen!). Erder sind in Erdreich einzubetten, das frei von Steinen, Schutt, Schlacke, Kohleteilen und Geröll ist. Das Bettungsmaterial ist bei Banderdern schrittweise zu verdichten. Erder dürfen sich nicht in der Nähe von dauernd erwärmtem Erdreich, z.B. bei Dampfleitungen, befinden, da sie wegen der Austrocknung des Erdreichs wenig wirksam sind. Künstliche Erder und Kabel mit Erderwirkung sollen nicht in einen gemeinsamen Kabelgraben gelegt werden.
Für künstliche Erdungsleitungen als Anschluß an die Erder im Erdreich sollten *Erdeinführungsstangen* nach [45], die sichtbar und zugänglich angeordnet sind, verwendet werden (Bild 4.26). Bei Verwendung von Bandstahl braucht keine Erdeinführungsstange eingesetzt zu werden (Bild 4.16). Schutzrohre sind unzulässig.

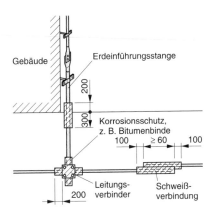

Bild 4.26: Korrosionsschutz

Verbindungen

Innerhalb des Erdreichs sind Schweiß-, Schraub-, Kerb- und Klemmverbindungen zulässig. Außerhalb des Erdreichs sind zusätzlich auch Preß- und Lötverbindungen möglich. Des weiteren sind als Verbindungen metallene Wälz- und Gleitlager, Drehzapfen, Scharniere und Einhängevorrichtungen ohne isolierende Anstriche zulässig, wobei aber mit Funkenbildung zu rechnen ist. Bei metallenen Rohrleitungen und metallenen Konstruktionen gelten die technologisch bedingten Verbindungen. Isolierende Zwischenstücke sind zu überbrücken, ggf. mit Trennfunkenstrecken. Anschlüsse an Staberder dürfen erst nach dem Eintreiben des Erders hergestellt werden.

In Erdungsleitungen sind Schalter, Überstromschutzeinrichtungen und ohne Werkzeug lösbare Verbindungen unzulässig.

Alle Einzelerder eines Objektes, auch die im Innern, sind im untersten Geschoß untereinander zu verbinden. Das kann z.b. durch Gebäuderinganker, metallene Konstruktionsteile des Objektes, durch einen Ring im Beton des Fußbodens oder durch eine Erdungssammelleitung, die innen an der Außenwand verlegt wird, erfolgen.

Die Ausführung der Verbindungen ist dem Abschnitt 8 zu entnehmen.

Korrosionsschutz

Die Beständigkeit eines Erders hängt wesentlich von der Korrosionswirkung des umgebenden Erdreichs oder Betons ab. Hinzu kommt, daß beim Zusammenschluß von Erdern aus verschiedenen Werkstoffen ein Abbau eines der beiden Erder möglich ist. Die Lokalelementbildung führt zur Korrosion des als Anode wirkenden Metalls. Die Korrosion ist im wesentlichen vom Verhältnis der katodischen Fläche S_K zu der anodischen Fläche S_A abhängig [33]. Mit stärkerer Korrosion ist erst bei Flächenverhältnissen $S_K/S_A > 100$ zu rechnen, z.B. bei Bewehrungen von Fundamenten mit Erdern oder Rohren im Erdreich. Einen Überblick über empfehlenswerte und weniger empfehlenswerte Zusammenschlüsse von Erdern verschiedener Werkstoffe gibt die Tabelle 4.7. Soll ein Zusammenschluß von erdverlegten Erdern oder Anlagen, z. B. Rohrleitungen, mit unterschiedlichen Materialien ausgeschlossen werden, so sind blitzstromtragfähige Trennfunkenstrecken einzubauen. Im Normalfall fließt kein Korrosionsstrom; beim Fließen des Blitzstromes werden sie kurzzeitig kurzgeschlossen.

Gegen die Korrosionsgefährdung der verschiedenen Erdermaterialien im Erdboden bzw. Beton können folgende Maßnahmen hilfreich sein:

– Erder aus Kupfer oder Stahl mit Kupfermantel dürfen mit Rohrleitungen, Behältern aus Stahl oder Erdern aus verzinktem Stahl nur über Trennfun-

4.4 Erdungsanlage

Tabelle 4.7: Hinweise aufgrund von Erfahrungen bei Zusammenschluß von Erdern aus verschiedenen Werkstoffen bei Flächenverhältnissen S_k/S_a über etwa 100 : 1 [33]

Werkstoff mit kleiner Fläche	Werkstoff mit großer Fläche							
	Stahl, verzinkt	Stahl	Stahl in Beton	Stahl, verzinkt in Beton	Kupfer	Kupfer, verzinnt	Kupfer, verzinkt	Kupfer mit Bleimantel
Stahl, verzinkt	+	+ Zinkabtrag	−	+ Zinkabtrag	−	−	+	+
Stahl	+	+	−	+	−	−	+	+
Stahl in Beton	+	+	+	+	+	+	+	+
Stahl mit Bleimantel	+	+	x Bleiabtrag[1]	+	−	+	+	+
Stahl mit Kupfermantel	+	+	+	+	+	+	+	+
Kupfer	+	+	+	+	+	+	+	+
Kupfer, verzinnt	+	+	+	+	+	+	+	+
Kupfer, verzinkt	+	+ Zinkabtrag	+ Zinkabtrag	+ Zinkabtrag	Zinkabtrag	Zinkabtrag	+	+ Zinkabtrag
Kupfer mit Bleimantel	+	+	+ Bleiabtrag[1]	+ Bleiabtrag	+	+	+	+

+   zusammenschließbar
x   bedingt zusammenschließbar
−   nicht zusammenschließbar

[1] Blei darf nicht unmittelbar in Beton eingebettet werden

kenstrecken verbunden werden. Die Trennfunkenstrecken müssen zugänglich sein.
- Erder aus Kupfer können mit der Bewehrung von Stahlbetonbauten verbunden werden, weil beide Potentiale nahezu gleich sind.
- Erder aus verzinktem Stahl dürfen mit der Bewehrung von Fundamenten nur über Trennfunkenstrecken verbunden werden. Wegen des großen Potentialunterschiedes würde der verzinkte Stahl früher oder später durch die elektrolytische Korrosion aufgelöst. Schon deshalb sollten Neubauten nur mit einem Fundamenterder versehen werden. Werden zusätzliche Erder benötigt, z.b. unabhängige Erder für Meßzwecke, und ist eine Verbindung unvermeidlich, so ist für den künstlichen Erder Kupfer mit Bleimantel oder Stahl mit Bleimantel einzusetzen. Bei der Verlegung ist große Sorgfalt aufzuwenden, um eine Beschädigung des Bleimantels zu vermeiden.
- Feuerverzinkter Stahl im Beton darf mit den Bewehrungseisen verbunden werden.
- Blei ist wegen seiner Deckschichtbildung in vielen Bodenarten beständig. Es ist deshalb gut als Mantel für Stahl oder Kupfer geeignet. Bei der Legung darf der Bleimantel nicht verletzt werden.

Der Korrosionsschutz von Erdeinführungsstangen beim Übergang ins Erdreich und bei Verbindungen im Erdreich, z.B. Schraub- oder Schweißverbindungen, ist nach Bild 4.26 auszuführen. Als Korrosionsschutz sind Bitumenbinden oder Butylkautschukband (halbüberlappt) aufzubringen. Anstrich genügt im allgemeinen nicht. Erdungsleitungen in Luft sind mit einem einfachen Anstrich zu versehen.

4.4.4 Maßnahmen gegen Berührungs- und Schrittspannungen

Bei besonders blitzgefährdeten baulichen Anlagen, z.B. Aussichtstürmen, Schutzhütten, Kirchtürmen, Kapellen, Flutlichtmasten, Windrädern an Viehtränken, Brücken u.ä., müssen im Bereich um die Eingänge und Aufgänge sowie am Fußpunkt von Masten Maßnahmen gegen Berührungsspannungen und Schrittspannungen getroffen werden. Solche Maßnahmen sind je nach den örtlichen Gegebenheiten einzeln oder kombiniert anzuwenden [37]:

- Potentialsteuerung durch Maschenerder von 0,5 bis 1 m Maschenweite in 0,3 bis 0,5 m Tiefe, 1 m allseitig über die Standfläche hinausragend (s. Bild 5.5).

- Isolieren des Standortes durch einen isolierenden Bodenbelag. Als Unterlage ist eine Schicht (ca. 10 cm Dicke) aus Schotter oder Pflastersteinen, aus Basalt oder Granit herzustellen. Für die Oberschicht (ca. 6 cm Dicke) ist Gußasphalt mit Füllung aus Quarzmehl und Quarzsand zu verwenden. In diese Oberschicht sind drei Lagen (je 2 cm Abstand) bitumengetränktes Jutegewebe zum Schutz gegen Risse einzulegen. Auf das Jutegewebe kann verzichtet werden, wenn die Gefahr von Rissen auf andere Weise vermieden wird. Es ist für ein ausreichendes Gefälle zum Wasserablauf zu sorgen.
- Isolierte Umhüllung von Masten. Hierfür ist Glasfaser mit Polyesterharz von 6 mm Dicke geeignet (Nennstehblitzspannung 400 kV; 1,2/50 µs). An Masten ist die Isolierumhüllung mindestens 2,50 m hoch anzubringen (Handbereich).

4.5 Schirmung

Die vom elektromagnetischen Blitzfeld ausgehende magnetische Komponente ist die maßgebende Störungsgröße für elektrische und elektronische Systeme (Leitungen, Geräte, Anlagen). Das im Abschnitt 3.3 dargestellte Blitzschutzzonen-Konzept basiert auf der Schirmung, da jeweils ein geschlossener Schirm die Blitzschutzzone abschließt. Die Dimensionierung des Schirms aus blitzschutztechnischer Sicht richtet sich nach seinen Aufgaben. Ist er gleichzeitig Teil der Blitzschutzanlage, z.B. Blechdach oder -fassade, Fundamenterder, so muß er blitzstromtragfähig sein (Schnittstelle BSZ 0 → BSZ 1). An der Schnittstelle BSZ 0/E → BSZ 1 erfolgt die Bemessung nur für das volle elektromagnetische Blitzfeld (s. Tabelle 3.6).

Die äußere Blitzschutzanlage, bestehend aus Fangleitungen oder -stangen, Ableitungen und Ring- bzw. Einzelerder, ist *kein* elektromagnetischer Schirm.

4.5.1 Gebäudeschirmung

Ein wirksamer elektromagnetischer Schirm kann nur durch Nutzung der in bzw. an der Außenwand eines Gebäudes befindlichen Bewehrungen oder Bleche erreicht werden. Die bauseitige Ausbildung von Schirmkäfigen ist eine besonders wirtschaftliche Schutzmaßnahme, die aber bereits in der Planungsphase zu berücksichtigen ist und während der Bauphase laufend überprüft werden muß.

Bei der Nutzung der *Bewehrung* in monolithischen Stahlbetonaußenwänden oder in Stahlbetonfertigbauteilen genügen für die Schirmung die Rödelverbindungen der Bewehrungsmatten. Werden höhere EMV-Forderungen gestellt, so muß die Rödelverbindung straff ausgeführt sein, oder es sind Schweißverbindungen herzustellen. Bei Stahlbetonfertigbauteilen müssen an allen vier Enden Anschlußteile, z.B Gewindehülsen, Anschlußplatten (Bild 4.27) oder Anschlußfahnen, vorhanden sein, um die Bewehrungsmatten untereinander zu verbinden. Es sollte dafür Sorge getragen werden, daß großflächige Baukonstruktionen, Fensterbänder, Tore und Türen in die Schirmung mit einbezogen werden. Auch dazu sind entsprechende Anschlußteile bereitzustellen.

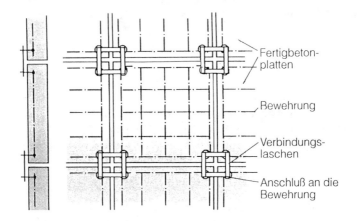

Bild 4.27:   Verbindung von Betonfertigteilen mittels Anschlußplatte und Verbindungslasche

Bei der Nutzung der *Bleche* von metallenen Dachdeckungen und Außenfassaden als Schirmung genügen die bauseitigen Verbindungen (Treibschrauben, Hohlniete). Die Einbindung von Fensterrahmen sollte so erfolgen, daß die Bleche mit den Querriegeln der Fensterkonstruktion nahe den vertikalen Stäben verbunden werden.

An dem in etwa 20 m Höhe vorhandenen horizontalen Ringleiter, über den die Ableitungen und der Potentialausgleich zusammengeschlossen werden, ist auch die Schirmung in den Zusammenschluß mit einzubeziehen. Dies gilt auch bei der Bildung von zusätzlichen Potentialausgleichsebenen (Bild 4.28).

4.5 Schirmung

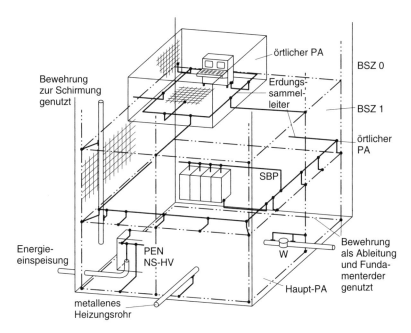

Bild 4.28: Beispiel für Schirmung, Potentialausgleich und Blitzschutz in einem Stahlbetonbau mit empfindlichen elektrischen Anlagen
SBP Signalbezugspotential

Wird mit Hilfe der Bewehrung ein geschlossener Schirmkäfig hergestellt (Fundament, Außenwände, Dach), so wird eine durchschnittliche Reduzierung des magnetischen Blitzfeldes von 40 dB (entspricht einem Schirmungsfaktor $s_f = 100$) erreicht.

4.5.2 Raumschirmung

Für die Raumschirmung kann wiederum die Bewehrung der den Raum umgebenden Stahlbetonwände genutzt werden (Bild 4.28). Es gelten die gleichen Errichtungsgrundsätze wie für Gebäude. Werden höhere Schirmungsmaße als ca. 40 dB gefordert, so sind weitere Maßnahmen notwendig (faradayscher Käfig, Behandlung der ankommenden Rohre und Leitungen).

4.5.3 Leitungsschirmung

Der Blitzschutzfachmann muß geschirmte Leitungen berücksichtigen, wenn diese im Gebäude verlegt (Bild 4.29) oder aus dem Gebäude herausgeführt werden (Bild 4.30). Das Schirmrohr muß elektrisch leitend durchverbunden sein und mindestens an jeder Schnittstelle zwischen Blitzschutzzonen in den örtlichen bzw. Blitzschutz-Potentialausgleich einbezogen werden.

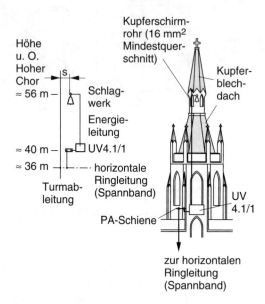

Bild 4.29: Beispiel für Schirmung im Gebäude
Näherungsberechnung: $l = 20$ m, $k_i = 0,075$ (SK II), $k_c = 1$ (eindimensional), $k_m = 0,5$ (Feststoff)
$d = 0,075 \cdot 1/0,5 \cdot 20$ m $= 3$ m
$s = 0,5$ m $< d = 3$ m

Wenn über das Schirmrohr ein Teilblitzstrom fließt (Beispiele Bilder 4.29 und 4.30), so ist dieser nach dem 1. Kirchhoffschen Gesetz zu ermitteln. Die Verbindungsbauteile und das Schirmrohr müssen für diesen Teilblitzstrom bemessen werden. Wird das Schirmrohr Teil des Ableitsystems, so muß mindestens 16 mm^2 Kupfer (s. Tabelle 3.2) verwendet werden. Eisenrohr sollte nur in Gebäuden eingesetzt werden, wobei Korrosionsprobleme zu berücksichtigen sind.

Werden Leitungen zwischen Gebäuden verlegt (Bild 4.30), so sollte möglichst ein und dieselbe Blitzschutzzone eingehalten werden. In Bild 4.30 werden die Schirmrohre wie folgt an den Schnittstellen behandelt.

4.5 Schirmung

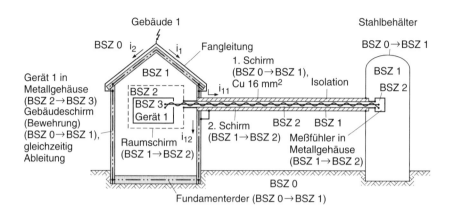

Bild 4.30: Beispiel für Schirmung im Gebäude und zwischen Gebäuden

Behandlung der Schirmrohre an den Schnittstellen	Gebäude 1	Stahlbehälter
	Verbindung mit	
1. Schirmrohr BSZ 0 → BSZ 1 (teilblitzstromtragfähig)	Gebäudeschirm	Stahlmantel
2. Schirmrohr BSZ 1 → BSZ 2	Raumschirm	Metallgehäuse des Meßfühlers

Beide Schirme müssen voneinander isoliert sein. Im Gebäude 1 braucht aus blitzschutztechnischer Sicht der zweite Schirm zwischen Raumschirm und Gerätegehäuse (BSZ 3) nicht weitergeführt zu werden. Bei senkrechter Leitungsführung im Gebäude ist der Schirm mindestens mit jeder Potentialebene zu verbinden (Mindestquerschnitt nach Tabelle 3.2).
Fließt bei einfachen geschirmten Leitungen über das Schirmrohr ein Teilblitzstrom, so muß die Längsspannung u_l zwischen dem Schirmrohr und den aktiven Adern berücksichtigt werden; ggf. sind an den Leitungsadern Überspannungsableiter vorzusehen. Bei doppelter Schirmung tritt keine Längsspannung auf.
Außerdem ist die Verlegungsart der Schirmrohre außerhalb vom Gebäude zu berücksichtigen. Bei oberirdisch verlegtem Schirmrohr ist der Teilblitzstrom über die Gesamtlänge konstant. Ist das Schirmrohr dagegen unterirdisch verlegt und leitend mit dem Erdreich verbunden, so nimmt der Teilblitzstrom

mit wachsender Entfernung ab; das Schirmrohr wirkt wie ein Oberflächenerder. Hieraus folgt, daß es zweckmäßig sein kann, oberirdisch verlegte Schirmrohre in Abständen zu erden.

4.6 Blitzschutz-Potentialausgleich

4.6.1 Prinzip

Festlegungen zum Blitzschutz-Potentialausgleich findet man bereits in den Schriften zum Blitzableiterbau aus dem Jahre 1877 [4]. Dort wird der Zusammenschluß von "ausgedehnten Metallmassen" mit dem Blitzableiter bzw. dem Blitzerder bei Unterschreitung bestimmter Abstände

- im Umkreis um das Gebäude,
- beim Eintritt in das Gebäude,
- beim senkrechten Durchlaufen im Gebäude und
- am bzw. auf dem Gebäude

empfohlen (Bild 4.31). Unter "ausgedehnten Metallmassen" verstand man Wasser- und Gasleitungen, Dampfleitungen, metallene Dächer, Regenrinnen, Regenfallrohre, Eisentreppen, Aufzüge, eiserne Stützen und Gebälke, Dachständer von Telefon-, Starkstrom- und Schwachstromleitungen. Durch den Einsatz des Spindelblitzableiters in Fernmeldeanlagen wurden auch die aktiven Leiter in den Blitzschutz-Potentialausgleich [5] mit einbezogen.
Wenn auch der Begriff "Blitzschutz-Potentialausgleich" noch nicht existierte, so wurde mit dem Zusammenschluß das gleiche Ziel wie heute verfolgt,

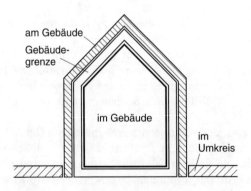

Bild 4.31: Zum Ort des Blitzschutz-Potentialausgleichs

4.6 Blitzschutz-Potentialausgleich

nämlich unkontrollierte Überschläge zu verhindern. Dieses wirksame Mittel gegen die Brandgefahr, die Gefährdung von Menschen und der elektrischen Anlage wurde in den folgenden Jahren verfeinert, ohne daß sich der Grundsatz geändert hat. Wichtig ist es auch, deutlich hervorzuheben, daß die Maßnahmen des Blitzschutz-Potentialausgleichs weit über die des elektrischen Potentialausgleichs gemäß DIN VDE 0100 Teil 410 und 540 [26] [44] hinausgehen. Leider wird dies häufig, insbesondere vom Fachmann im Elektroinstallationshandwerk, nicht berücksichtigt.

Der Blitzschutz-Potentialausgleich hat heute folgende Ziele:

– Es soll eine möglichst gleichmäßige Blitzstromverteilung erreicht werden. Je mehr ableitende Systeme teilhaben, desto geringer ist der Blitzstrom pro ableitendem System.
– In metallenen Leiter- und Installationsschleifen soll die induzierte Spannung kleingehalten werden. Je vermaschter der Potentialausgleich ausgeführt wird, um so niedriger sind die induzierten Spannungen.
– Es soll eine gleichmäßige Potentialanhebung erfolgen. Je flächiger der Potentialausgleich ausgeführt wird, desto geringer sind Spannungsunterschiede zwischen benachbarten Metallsystemen.
– Bei Nichteinhaltung der Näherungsbedingung (4.5), S. 105, zwischen metallenen Installationen, elektrischen Energie- bzw. Fernmeldeanlagen und der Blitzschutzanlage ist die Beseitigung der Näherung durch Zusammenschluß möglich (s. Abschnitt 4.7).

4.6.2 Umfang und Ort des Zusammenschlusses

Der Blitzschutz-Potentialausgleich umfaßt den Zusammenschluß von metallenen Installationen sowie der aktiven Adern von Energie- und Fernmeldeleitungen mit der äußeren Blitzschutzanlage. Zu metallenen Installationen gehören z.b. Rohrleitungen (Wasser-, Gas-, Heizungs-, Feuerlösch-, Abwasser-, Kraftstoff-, Ölleitungen), Lüftungs- und Klimakanäle, Gleise, Aufzugsschienen, Treppen, Treppengeländer, Bewehrungsstähle, Stahlkonstruktionen, Schutzleiter, Funktionserdungsleiter, Erdungsbezugsleiter, Dachständer, Antennenträger, Regenrinnen, Regenfallrohre, Metallabdeckungen, Metallfassaden, Metalldächer, Metallbehälter, Krangerüste, Tür- und Fensterrahmen, Leitungs- und Raumschirme, metallene Kabelmäntel, Metallgehäuse von Geräten und Anlagen. Ist ein direkter Zusammenschluß von metallenen Installationen nicht zulässig, z.B. bei katodisch geschützten Tankanlagen, so sind Trennfunkenstrecken einzusetzen. Die aktiven Adern wer-

den über Blitzstromableiter bzw. Überspannungsableiter (s. Abschnitt 3.3) einbezogen.
Der Blitzschutz-Potentialausgleich ist an den Schnittstellen von Blitzschutzzonen ausnahmslos für alle die Grenze kreuzenden Systeme und innerhalb der Blitzschutzzonen an den folgenden Stellen auszuführen (Tabelle 4.8):

- auf Erderniveau bzw. im Kellergeschoß,
- oberirdisch bei Gebäuden, die höher als 20 m[1] sind, in senkrechten Abständen von nicht mehr als 20 m,
- in zusätzlichen Potentialausgleichsebenen,
- im Bereich des örtlichen Potentialausgleichs,
- wo die Näherungsabstände nach (4.5), S. 105, nicht erfüllt sind.

Die Mindestquerschnitte für Potentialausgleichsleitungen sind in der Tabelle 4.8 zusammengestellt. Dabei wurde die mögliche Blitzstrombelastung entsprechend Tabelle 3.6 berücksichtigt.

Werden im *Umkreis des Gebäudes* metallene Installationen in den Blitzschutz-Potentialausgleich einbezogen, so muß die Zustimmung der Anlageneigentümer eingeholt werden. Besonders in Industrieanlagen kann durch Vermaschung eine Potentialfläche geschaffen werden. Die Maschenweite sollte 10 m x 20 m nicht überschreiten. Zu beachten ist, daß der Zusammenschluß wesentlich zur Verbesserung der Erdungsverhältnisse beiträgt. Trotzdem sollten bei Verlegung von Potentialausgleichsleitungen im Erdreich die gleichen Mindestquerschnitte wie für Erder verwendet werden (Tabelle 4.8). Ist ein Zusammenschluß mit metallenen Installationen im Erdreich nicht erwünscht, so sollte der Sicherheitsabstand nach (4.1) überprüft werden; ggf. sind Trennfunkensstrecken einzusetzen.

Befinden sich Isolierstücke in den Rohrleitungen, so sind diese ggf. ebenfalls mittels Trennfunkenstrecken zu überbrücken.

Bei der Einbeziehung von Leitungsschirmen sind die Maßnahmen nach Abschnitt 4.5 zu berücksichtigen.

Am Gebäude werden metallene Installationen, Energie- und Fernmeldeleitungen mit der Fangeinrichtung und den Ableitungen verbunden, oder es sind die Näherungsabstände nach (4.5) einzuhalten. Zu beachten ist, ob sich die Installationen in der BSZ 0 (direkte Blitzeinwirkung) oder in der BSZ 0/E (nur volles Blitzfeld) befinden, weil danach die Potentialausgleichsleitungen und Ableiter auszuwählen sind (Tabelle 4.8). In den meisten Fällen dürfen die metallenen Installationen als natürliche Fangeinrichtung oder Ableitung genutzt werden, so daß dann die dafür geltenden Bemessungsregeln zu berücksichtigen sind. Dachständer von Starkstromfreileitungen sind über

---

[1] nach [8]: 30 m

4.6 Blitzschutz-Potentialausgleich

Tabelle 4.8: Ort des Blitzschutz-Potentialausgleichs, Mindestabmessungen und Einsatz von Ableitern

Schutzzone oder Schnittstelle (Bild 3.3)	Ort des Blitzschutz-Potentialausgleichs (Bild 4.31)	Mindestabmessung in mm² für den Anschluß von metallenen Installationen [9] Cu Al Fe	Anschluß von aktiven Adern über	Anschluß von speziellen Anlagen über
BSZ 0	– im Umkreis – auf Erderniveau	im Erdreich 50 — 80 sonst 16 25 50	B-Ableiter[1)] 10/350 µs	blitzstromtragfähige Trennfunkenstrecke
BSZ 0/E		im Erdreich 50 — 80 sonst 6 10 16	Ü-Ableiter[2)] 8/20 µs	
BSZ 0	– am Gebäude – im Fang- und Ableitbereich	16 25 50	B-Ableiter 10/350 µs	
BSZ 0/E		6 10 16	Ü-Ableiter 8/20 µs	
BSZ 0→ BSZ 0/E, BSZ 0 → BSZ 1	Gebäudegrenze – auf Erderniveau – im Fang- und Ableitbereich alle 20 m Höhe[3)] und zusätzliche PA-Ebenen – an Näherungsstellen	16 25 50	B-Ableiter 10/350 µs	
BSZ 0/E, BSZ 0/E → BSZ 1	im Gebäude – alle 20 m Höhe[3)] – zusätzliche PA-Ebenen – an Näherungsstellen – im Bereich des örtlichen PA	6 10 16	Ü-Ableiter 8/20 µs	———

[1)] B-Ableiter: Blitzstromableiter
[2)] Ü-Ableiter: Überspannungsableiter
[3)] nach [8]: ab 30 m alle 20 m

Schutzfunkenstrecken mit der Fangleitung zu verbinden. Dazu ist die Zustimmung des Energieversorgungsunternehmens einzuholen. Antennenträger werden direkt mit der Fangleitung verbunden.

An der *Gebäudegrenze* sind alle metallenen Installationen sowie alle Energie- und Fernmeldeleitungen, die in das zu schützende Volumen eintreten, unmittelbar oder möglichst nahe an der Eintrittsstelle mit einem Ringleiter zu verbinden. Dabei werden die metallenen Installationen direkt oder über Trennfunkenstrecke und die aktiven Adern über Blitzstromableiter angeschlossen. Nicht genutzte aktive Adern (spannungslos) sind zusammenzuschließen und zu erden. Meßgeräte in Rohrleitungen, z.B. Wasseruhren, sind zu überbrücken (Bild 4.28).

Als Ringleiter dient auf Erderniveau der Ringerder oder Fundamenterder (Bild 4.28) oder der Erdungssammelleiter (Bild 5.18) und in den Stockwerken ein außen oder innen verlegter horizontaler Ringleiter (Bilder 4.2 und 4.28). Der Erdungssammelleiter bzw. der Ringleiter soll alle 5 m mit einer vorhandenen Bewehrung oder Metallfassade verbunden werden. In kleinen Gebäuden ohne umfangreiche elektronischen Anlagen (s. Tabelle 3.7) genügt eine Potentialausgleichsschiene.

Auf Erderniveau werden die Teilblitzströme, die über die Versorgungsleitungen fließen, nach dem im Abschnitt 3.3 und Bild 3.5 dargestellten Verfahren berechnet. Die ermittelten Werte dienen als Bemessungsgrundlage für die Verbindungsbauteile, Trennfunkenstrecken und Blitzstromableiter. Der Einbau der Trennfunkenstrecken und Blitzstromableiter hat gemäß den Montagevorschriften der Hersteller zu erfolgen.

Im Gebäude wird vom Blitzschutzfachmann der Blitzschutz-Potentialausgleich in der BSZ 0/E und an der Schnittstelle BSZ 0/E → BSZ 1 an den in Tabelle 4.8 angegebenen Orten ausgeführt. Ein Beispiel ist im Bild 4.29 dargestellt, wo sich die Schnittstellen BSZ 0/E → BSZ 1 in der Verteilung befinden. Die im Schirm verlegten Glocken-Kraftleitungen werden in der Verteilung mit Überspannungsableitern 8/20 µs beschaltet. Innerhalb der BSZ 1 und teilweise auch in der BSZ 0/E werden häufig aus anlagenspezifischen und EMV-Gründen spezielle *Potentialausgleichsnetzwerke* (Bild 4.32) vorgesehen. Dies betrifft besonders Gebäude mit speziellen elektrischen Anlagen, z.B. Leitzentralen, Fernmeldeanlagen, wo hohe Forderungen an die elektromagnetische Verträglichkeit gestellt werden. Wegen der Anlagenempfindlichkeit ist nicht in jedem Fall ein Zusammenschluß mit dem Blitzschutz-Potentialausgleich zulässig oder erwünscht. Ohne Abstimmung mit dem Betreiber der Anlage darf nicht gehandelt werden. Ist der Zusammenschluß nicht erwünscht (Bild 4.32 a und b), so muß die Näherungsbedingung (4.5), S. 105, eingehalten werden.

4.6 Blitzschutz-Potentialausgleich

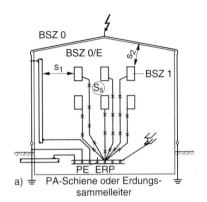
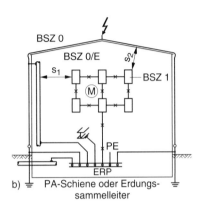
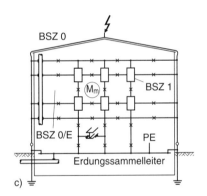

Bild 4.32: Beispiele für Potentialausgleich in Gebäuden mit Informationsanlagen [15]
a) Sternerdung mit Einfacherdung
b) vermaschte Anordnung mit Einfacherdung
c) vermaschte Anordnung mit Mehrfacherdung
ERP   Erdungsbezugspunkt
☐   Teil der Einrichtung (z.B. Schrank)
⨯   Potentialausgleichsnetzwerk der Informationsanlage
S_S Sternanordnung mit Einfacherdung
M   vermaschte Anordnung mit Einfacherdung
M_m vermaschte Anordnung mit Mehrfacherdung

Deshalb muß der Blitzschutzfachmann auch sehr gewissenhaft an die Einbeziehung der im Gebäude senkrecht verlaufenden metallenen Installationen und Energie- und Fernmeldeleitungen herangehen. In einigen Fällen (z.B. im Bild 3.3 die Rohrleitungen mit den Näherungen s_1 und s_3) verbietet sich der Zusammenschluß oberhalb der Ebene des örtlichen Potentialausgleichs.
Da der Blitzschutz-Potentialausgleich an der Schnittstelle BSZ 0/E → BSZ 1` endet, muß der Blitzschutzfachmann auf die verbleibende Restgefährdung durch die Einwirkung des Blitzfeldes auf die elektrotechnische Anlage hinweisen.
Eine *isolierte Blitzschutzanlage* darf nur auf Erderniveau mit dem Blitzschutz-Potentialausgleich verbunden werden. In diesem Fall muß der Näherungsabstand (4.5) der metallenen Installationen sowie der Energie- und Fernmeldeleitungen zur Fangeinrichtung und den Ableitungen eingehalten werden.

4.6.3 Blitzschutz-Potentialausgleich und Potentialausgleich für elektrische Anlagen

Der Potentialausgleich im Zusammenhang mit elektrischen Anlagen ist eine Maßnahme zum Herabsetzen oder Beseitigen von Potentialunterschieden zwischen inaktiven Teilen von elektrischen Anlagen, metallenen Installationen, Baukonstruktionen, Erdungsanlagen und Blitzschutzanlagen durch Zusammenschluß derselben untereinander (Bild 4.28). Außerdem nimmt der Potentialausgleich positiven Einfluß auf die Wirksamkeit und Zuverlässigkeit der angewendeten Schutzleiterschutzmaßnahmen. Deshalb ist er nach [26] an die Schutzmaßnahme gebunden, die ausschließlich dem Schutz des Menschen dient. Mit der Zunahme von elektronischen Einrichtungen hat das Prinzip des Potentialausgleichs auch für den Schutz von elektrischen Anlagen, insbesondere informationstechnische Anlagen, große Bedeutung erlangt. Bisher blieb dies in den Normen der Reihe DIN VDE 0100 unberücksichtigt, was besonders für die Planungsphase hinderlich war. In der DIN VDE 0100 Teil 540 Ausgabe 11.91 [44], die Ersatz für die Ausgabe 05.86 und DIN VDE 0190/05.86 ist, wurde deshalb eine Empfehlung unter dem Begriff "fremdspannungsarmer Potentialausgleich" aufgenommen. Hiermit werden die folgenden Maßnahmen in einem Gebäude, in dem der Einbau von informationstechnischen Anlagen vorgesehen oder zumindest zu erwarten ist, empfohlen:

– Im ganzen Gebäude darf kein PEN-Leiter angewendet werden.

4.6 Blitzschutz-Potentialausgleich

– In jedem Stockwerk oder Gebäudeabschnitt, in dem informationstechnische Anlagen errichtet werden, ist ein Potentialausgleich (s. Bild 4.28) auszuführen (entspricht dem örtlichen Potentialausgleich). Soweit vorhanden sind der Schutzleiter, die Wasser- und Gasrohre, andere metallene Rohrsysteme (wie z.b. Heizung, Klima) und Metallteile der Gebäudekonstruktion einzubeziehen.

Der "fremdspannungsarme Potentialausgleich" muß mit dem Potentialausgleichsnetzwerk der Informationsanlage (s. Bild 4.32) und den Zusammenschlußbedingungen der Blitzschutzanlage (vgl. Abschnitt 5.2.7) koordi- niert werden.

Bei jedem Hausanschluß oder jeder gleichwertigen Versorgungseinrichtung muß nach [26] ein *Hauptpotentialausgleich* hergestellt werden. Dabei werden folgende leitfähige Teile auf Erderniveau miteinander verbunden:

– Hauptschutzleiter, Haupterdungsleiter,
– Blitzschutzerder,
– Hauptwasserrohr, Hauptgasrohr,
– andere metallene Rohrsysteme (z.B. Heizungs-, Feuerlöschrohre, Lüftungs- und Klimakanäle),
– Stahlskelettkonstruktionen, Metallkonstruktionen, Aufzugsschienen.

Der *Hauptschutzleiter* ist der

– von der Stromquelle kommende,
– vom Hausanschluß abgehende oder
– vom Hauptverteiler abgehende Schutzleiter.

Somit muß im TN-Netz eine Verbindung mit dem PEN-Leiter und im TT-Netz eine Verbindung mit dem PE-Leiter hergestellt werden.
Die Anschlußfahne für Haupterdungsleiter und Blitzschutzerder wird in der Regel ein und dieselbe sein, weil die Erdungsanlage gemeinsam genutzt wird.
Das Hauptwasserrohr ist das querschnittsstärkste Wasserrohr nach der Hauseinführung hinter dem Zähler und der Absperrarmatur. Da der Blitzschutzsetzer nicht in jedem Fall erkennen kann, ob die Wasserleitung "nur" in den Potentialausgleich einzubeziehen ist oder vor und hinter dem Wasserzähler auch als Schutzleiter, PA-Leiter oder Erdungsleiter verwendet werden soll, sollte immer eine Überbrückung vorgenommen werden.
Die Gasinnenleitung wird stets in den Hauptpotentialausgleich einbezogen, unabhängig davon, ob ein Isolierstück eingebaut ist oder nicht. Bei vorhandenem Isolierstück ist in Fließrichtung hinter diesem anzuschließen. Metallene Abwasserleitungen werden ebenfalls mit einbezogen, auch wenn an den

Tabelle 4.9: Querschnitt für Potentialausgleichsleiter [44]

	Hauptpotentialausgleich	zusätzlicher Potentialausgleich	
normal	0,5 x Querschnitt des Schutzleiters[1]	zwischen zwei Körpern	1 x Querschnitt des kleineren Schutzleiters
		zwischen einem Körper und einem fremden leitfähigen Teil	0,5 x Querschnitt des Schutzleiters
mindestens	6 mm² Cu	bei mechanischem Schutz	2,5 mm² Cu oder Al[2]
		ohne mechanischen Schutz	4 mm² Cu oder Al[2]
mögliche Begrenzung	25 mm² Cu oder gleichwertiger Leitwert	—	—

[1] Schutzleiter im Sinne dieser Festlegung ist der
 – von der Stromquelle kommende oder
 – vom Hausanschlußkasten oder dem Verteiler abgehende Schutzleiter
 (s. Bild 4.33).

[2] Bei ungeschützter Verlegung von Leitern aus Al besteht wegen möglicher Korrosion und geringer mechanischer Robustheit eine erhöhte Möglichkeit der Leiterunterbrechung.

Tabelle 4.10: Zuordnung der Schutzleiterquerschnitte zu den Außenleiterquerschnitten [44]

Querschnitt S der Außenleiter der Anlage [1]	Mindestquerschnitt des entsprechenden Schutzleiters [1]
$S \leq 16$ mm²	S
16 mm² $< S \leq 35$ mm²	16 mm²
$S > 35$ mm²	$S/2$

[1] Außenleiter und Schutzleiter aus gleichem Material

Verbindungsstellen durch Dichtringe ein hoher Übergangswiderstand besteht. Solche Isolierstellen müssen nicht überbrückt werden.
Die Querschnittsbestimmung der Potentialausgleichsleiter (Tabelle 4.9) erfolgt ausgehend vom Hauptschutzleiter, dessen Querschnitt nach Tabelle 4.10 festgelegt werden kann (nach [44] ist auch Berechnung möglich). Es

4.6 Blitzschutz-Potentialausgleich

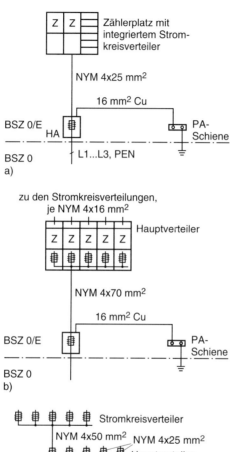

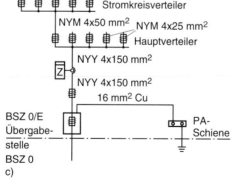

Bild 4.33: Hauptschutzleiter in Verbraucheranlagen [32]
a) Zählerplatz mit integriertem Stromkreisverteiler
b) zentrale Zähleranordnung
c) Anlage in Gewerbe- und Industriebetrieben

kann zwischen drei prinzipiellen Anwendungsfällen in Verbraucheranlagen unterschieden werden (Bild 4.33). Als Bemessungsgrundlage kommen folgende Verbindungsleitungen in Frage (Querschnittsangaben aus Bild 4.33):

a) zwischen Hauptanschlußkasten und Zählerplatz mit integriertem Stromkreisverteiler (4 x 25 mm^2),
b) zwischen Zählerplatz und Stromkreisverteiler (4 x 16 mm^2),
c) vom Hauptverteiler abgehende Hauptleitungen, wobei die mit dem größten Querschnitt zugrunde gelegt wird (4 x 50 mm^2).

Im nächsten Schritt sind die ermittelten Querschnitte der PA-Leitungen mit denen nach Tabelle 4.8 zu vergleichen und ggf. anzupassen. Erst dann ist der Hauptpotentialausgleich integrierter Bestandteil des Blitzschutz-Potentialausgleichs.

Der *zusätzliche (örtliche) Potentialausgleich* nach [26] ist auf örtlich kleine Bereiche (Raum, Raumgruppe, Etage) begrenzt, wo eine besondere Gefährdung für Menschen und Tiere besteht. Dies sind z.b. Baderäume, Schwimmbecken, landwirtschaftliche Betriebsstätten und medizinische Räume der Anwendungsgruppe 2.

Auch hier hat sich das Anwendungsgebiet auf empfindliche elektrische Anlagen (z.B. Leitzentrale, Rechner) erweitert (s. Bild 4.28). Die Querschnitte sind Tabelle 4.9 zu entnehmen. Eine Koodinierung mit den Querschnitten nach Tabelle 4.8 ist nur dann notwendig, wenn der Zusammenschluß mit dem Blitzschutz-Potentialausgleich zulässig ist und dann ein Teilblitzstrom über die Anlage fließen kann (vgl. Bilder 3.3 und 4.32 c).

4.6.4 Ausführungshinweise

Es sollten in jedem Fall, also auch wenn die Blitzschutzanlage nach [8] errichtet wird, die Mindestquerschnitte nach Tabelle 4.8 angewendet werden. Potentialausgleichsleitungen können auf Putz, in Rohren oder in Kanälen gelegt werden. Zur Verbindung können Blitzschutzarmaturen verwendet werden. Die Anschluß- und Verbindungsstellen müssen zugänglich sein und mit Kontaktfett oder technischer Vaseline gefettet werden. Isolierte PA-Leitungen dürfen grün-gelb gekennzeichnet werden.

Zur Überbrückung von Wasserzählern genügt als ausreichender Querschnitt [44]:

verzinntes Cu-Seil   16 mm^2,
verzinntes Fe-Seil   25 mm^2,
verzinkter Rundstahl   60 mm^2, Mindestdicke 3 mm

4.6 Blitzschutz-Potentialausgleich

oder leitwertgleiche Haltekonstruktion, z.B. ein leitwertgleicher Wasserzählerbügel. Potentialausgleichsschienen sollten das VDE-Zeichen tragen, weil damit der Mindestquerschnitt, die Klemmstellen und die geforderte Blitzschutztragfähigkeit (Klemmstellen größer 10 mm^2) sichergestellt sind. Dürfen bestimmte Installationsteile oder elektrische Anlagen aus Betriebs- oder elektrischen Gründen nicht dauernd leitend mit in den Blitzschutz-Potentialausgleich einbezogen werden, so ist der Zusammenschluß über eine blitzstromtragfähige *Trennfunkenstrecke* vorzunehmen (Tabelle 4.11). Bei der Auswahl der Trennfunkenstrecke ist der Anwendungszweck zu berücksichtigen und zweckmäßigerweise die Herstellerfirma zu konsultieren.

Tabelle 4.11: Zusammenschluß mit dem Blitzschutz-Potentialausgleich über Trennfunkenstrecke

Art des Zusammenschlusses	Ausführungshinweise
Dachständer von Starkstromfreileitungen	Bei Unterschreitung des Abstandes s nach (4.5) Verwendung von gekapselten Schutzfunkenstrecken. Zustimmung des Energieversorgungsunternehmens einholen!
Erdungsanlagen, die aus Gründen der Spannungsverschleppung, der Beeinflussung oder Korrosion nicht direkt zusammengeschlossen werden dürfen	siehe Tabelle 4.4 und Beispiel Bild 4.19
Potentialausgleich von Füllstationen mit anderen Erdungsanlagen und Gleisen; Isoliermuffen oder Isolierstücke in Rohrleitungen	Trennfunkenstrecken; in Ex-Bereichen nur Ex-Funkenstrecken
schutzisolierte Anlagen, z.B. transportable Fernmeldebetriebsstätten, Fernsehfüllsender (Bild 4.34)	Löschfunkenstrecken (LFS) als Basisisolierung und Hochstromfunkenstrecke (HSFS) als zusätzliche Isolierung [46]. Da bei der Schutzisolierung der Schutzleiter nicht in der Netzzuleitung benötigt wird, ist er zur Vermeidung von Überschlägen mit einer LFS zu beschalten. Es ist ratsam, erfahrene Herstellerfirmen zu konsultieren.
Hilfserder von FU-Schutzschaltern	Im FU-Schutzschalter ist eine Trennfunkenstrecke eingebaut. Elektrofachmann konsultieren!

Blitzstromableiter werden an der Schnittstelle BSZ 0 → BSZ 0/E (s. Bild 3.3) und an Näherungsstellen, wo bei einem Zusammenschluß direkte Blitzströme abzuleiten sind, eingesetzt. Da der Hausanschlußkasten sich meistens an der Schnittstelle BSZ 0 → BSZ 0/E befindet, wäre die Montage in dessen unmittelbarer Nähe zweckmäßig. Leider lassen die meisten Energieversorgungsunternehmen eine Montage der Blitzstromableiter erst hinter dem Zähler zu, damit bleibt die Energiezuleitung bis zum Einbauort ungeschützt. Jede aktive Ader, d.h. auch der Neutralleiter, ist mit einem Ableiter zu beschalten. Auch bei Daten- und Telefonleitungen der Deutschen Bundespost Telekom ist der Einbau von Blitzstromableitern erst hinter der Monopolgrenze möglich. Die Monopolgrenze – z.B. TAE-Dose in den Räumen des Kunden – stimmt nicht mit der Schnittstelle BSZ 0 → BSZ 0/E (Gebäudegrenze) überein. Die Ausführung der Montage, d.h. die Wahl der vorzuschaltenden Sicherung, die Wahl der Querschnitte für die Erdungsleitungen, der Schutz der Fernsignalisierung, sollte nach Herstellerangaben erfolgen. Wird davon abgewichen, so geht die Produkthaftung verloren.

4.7 Näherungen

In jedem Bauwerk entstehen Näherungstellen zwischen der Fangeinrichtung/Ableitung und metallenen Installationen (z.B. Wasser-, Gas- und Heizungsrohre, Klima-, Lüftungskanäle), metallenen Baukonstruktionen, metallenen Konstruktionsteilen technologischer Anlagen und Elektrokabeln und -leitungen (Energie, Information) (Bild 4.34). Um gefährliche Funkenbildungen bzw. die Einkopplung von Blitzströmen in das zu schützende Bauwerk an der Näherungstelle zu vermeiden, soll der Abstand s zum Blitzschutzleiter größer als der *Sicherheitsabstand d* sein. Die Beseitigung der Näherung kann erfolgen:

– durch Vergrößerung des Abstandes s, z.B. durch Verlegen des Blitzschutzleiters bzw. der metallenen bzw. elektrischen Installationen,
– oder durch Zusammenschluß. In diesem Fall wird ein Teilblitzstrom in das Bauwerk (metallene oder elektrische Installationen) bewußt eingekoppelt. Damit sind besonders an elektrischen Anlagen Maßnahmen gegen die Blitzstrombeeinflussung notwendig.

Zur Berechnung des Sicherheitsabstandes d sollte die neue Näherungsformel nach IEC 1024-1 [9] verwendet werden. Bei der "alten Näherungsformel" nach DIN VDE 0185 Teil 1 [8] wurde davon ausgegangen, daß der Blitzstrom sich auf alle Ableitungen gleichmäßig verteilt. Auch bestand die Auffassung,

4.7 Näherungen

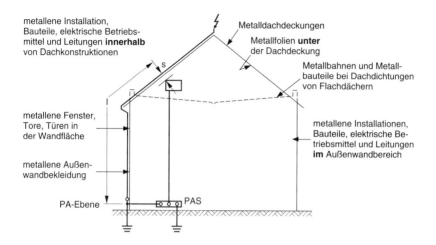

Bild 4.34: Zum Begriff der Näherung
s Abstand an der Näherungsstelle
l Länge des Blitzschutzleiters, gemessen von der Näherungstelle bis zur nächsten Ebene des Blitzschutz-Potentialausgleichs

daß feste Isolierstoffe, z.B. Mauerwerk und Holz, eine höhere Isolationsfähigkeit als Luft aufweisen. Diese Annahmen waren falsch, weil sich der hochfrequente Blitzstrom nicht gleichmäßig auf alle Ableitungen verteilt, sondern sich vielmehr auf den Bereich der Einschlagstelle konzentriert. Hinsichtlich der Isolationsfestigkeit haben neue Messungen bei festen Baustoffen eine um bis zu 50% geringere Isolationsfestigkeit gegenüber Luft ergeben.

Nach [9] soll der Abstand s zwischen dem Blitzschutzleiter und der metallenen oder elektrischen Installation größer als der Sicherheitsabstand d sein:

$$s \geq d. \tag{4.5}$$

Für den Sicherheitsabstand gilt

$$d = k_i (k_c / k_m) \, l \,; \tag{4.6}$$

k_i nach Tabelle 4.12,
k_c nach Bild 4.35,
k_m nach Tabelle 4.13,
l Länge des Ableiters, gemessen von der Näherungstelle bis zur nächsten Ebene des Blitzschutz-Potentialausgleichs (Bilder 4.34 und 4.35).

Tabelle 4.12: Werte des Koeffizienten k_i [9]

Blitzschutzklasse	k_i
I	0,1
II	0,075
III bis IV	0,05

Tabelle 4.13: Werte des Koeffizienten k_m [9]

Material	k_m
Luft	1
Feststoff	0,5

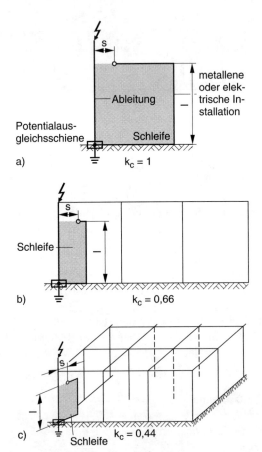

Bild 4.35: Näherung von Installationen zum Blitzschutzleiter – Wert des Koeffizienten k_c [9]
a) eindimensionale, b) zweidimensionale, c) dreidimensionale Anordnung der Blitzschutzanlage

4.7 Näherungen

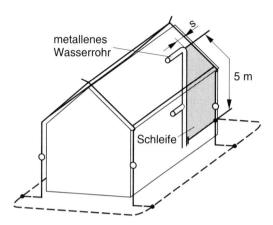

Bild 4.36: Beispiel (Bürohaus) für die Berechnung des Näherungsabstandes nach DIN VDE 0185 T 100 [9]
$l = 5$ m, $k_i = 0{,}05$ (SK III),
$k_c = 0{,}44$ (dreidimensionale Anlage),
$k_m = 0{,}5$ (Feststoff),
$s \geq d = 0{,}05 \cdot 0{,}44/0{,}5 \cdot 5$ m $\approx 0{,}25$ m

Bei Stahlbetonbauten mit durchverbundenen Bewehrungsstählen und bei Stahlskelettbauten oder bei Bauten mit gleichwertigen Schirmungsfunktionen ist die Näherungsbedingung normalerweise erfüllt.
Die Gleichung nach DIN VDE 0185 Teil 1 [8] sollte nicht mehr angewendet werden. Mit dem angegebenen Mindestabstandswert von 0,5 m liegt man für die SK III (Bild 4.36) und selbst für die SK II meist auf der sicheren Seite. Besonders in höheren Gebäuden ist trotz des geforderten Abstandes der Blitzschutz-Potentialausgleichsebenen von 30 m [8] bzw. 20 m [9] und weiter alle 20 m die Einhaltung des Näherungsabstandes selten möglich. Hinzu kommt der Wunsch, wegen empfindlicher elektrischer Anlagen oder der Gefährdung von Menschen den Blitzstrom nicht in das Bauwerk einzukoppeln (Bild 4.37 a). Abhilfe könnte die Einfügung von weiteren zusätzlichen Blitzschutz-Potentialausgleichsebenen (örtlicher Potentialausgleich) schaffen, so daß mit der Verringerung von l der Sicherheitsabstand d kleiner wird ($s \geq d \approx l$) (Bild 4.37 b).

108 4 Grundsätze des Blitzschutzbaus

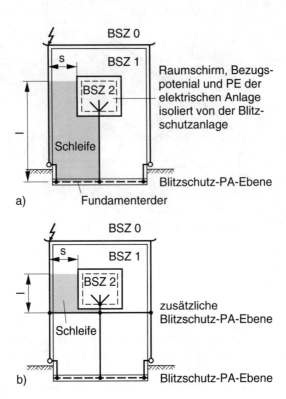

Bild 4.37: Beispiel zur Verringerung von l
a) ohne zusätzliche Blitzschutz-PA-Ebene
b) mit zusätzlicher Blitzschutz-PA-Ebene

5 Blitzschutzanlagen für besondere Objekte

Dieser Abschnitt enthält Hinweise zum Bau einer Blitzschutzanlage für spezielle Anwendungsfälle, wobei die Kenntnis des Abschnitts 4 vorausgesetzt wird. Gleichzeitig werden Beispiele für das durchgängige Bearbeiten eines Blitzschutzkonzepts dargestellt.

5.1 Bauwerke

5.1.1 Freistehende Schornsteine

Die Schornsteinhöhe wird ab Erdoberfläche gemessen.
Metallschornsteine einschließlich vorhandener Abspannungen sind nach Bild 5.1 zu erden.
Für *nichtmetallene Schornsteine* sind die Fangeinrichtung und die Anzahl der Ableitungen in Tabelle 5.1, ausgehend von der Höhe des Schornsteins und dem Durchmesser des Schornsteinkopfes, angegeben. Die Fangstangen (20 mm Durchmesser und 750 mm Länge) sollen den Schornsteinkopf um mindestens 0,5 m überragen (Bild 5.2 a). Sie werden an einen Spannring angeschweißt, dessen Abmessungen aus mechanischen Gründen mindestens 70 mm x 10 mm (legt der Schornsteinbaubetrieb fest) betragen. Der Spann-

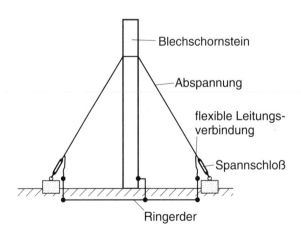

Bild 5.1: Freistehender Blechschornstein

Tabelle 5.1: Fangstangen und Ableitungen für nichtmetallene freistehende Schornsteine

Höhe des Schornsteins	Durchmesser des Schornsteinkopfes	Fangeinrichtung	Anzahl der Ableitungen
über 20 m	über 1,2 m	Fangstangen in Abständen von nicht mehr als 2 m am Umfang; mindestens 3 Fangstangen, gleichmäßig am Umfang verteilt	2
bis 20 m	bis zu 1,2 m	2 Fangstangen	
	bis zu 0,6 m	1 Fangstange	
	beliebig	Fangleitung, Mindestdurchmesser 16 mm	1
		Fangrahmen, Mindestquerschnitt 200 mm^2	

ring ist zusätzlich auf feuerverzinkte Haken zu legen (maximaler Abstand 5 m). Die Verbindung zwischen den Fangstangen muß sturmsicher befestigt und durch Schutzanstrich gegen Korrosion geschützt werden.

Die Ableitungen sind im Bereich der Rauchgaszone besonders gefährdet. Deshalb ist der Querschnitt dort zu vergrößern.

Ist ein Steigeisengang vorhanden, so dürfen beide Ableitungen daran befestigt werden (Bild 5.2 b). Sie sind gegeneinander isoliert wie folgt zu verlegen:

- Die linke Ableitung wird an den Steigeisen mit Leitungsverbindern befestigt; Abstand 1 m.
- Die rechte Ableitung wird nur an den Rückenbügeln mit Leitungsverbindern befestigt; zwischen den Rückenbügeln sind Schlagstützen zu setzen.

Durch diese Montageweise ist eine einfache Kontrolle auf etwaige Unterbrechungen oberhalb der offenen Trennstellen möglich. Sind zwei Steigeisengänge vorhanden, so erhält jeder Steigeisengang eine Ableitung, die mit Leitungsverbindern an den Steigeisen befestigt wird. Eine durchgehend elektrisch leitfähige äußere Steigleiter ersetzt zwei Ableitungen, wobei jeder Leiterholm getrennt über Erdeinführungsstange mit dem Ringerder zu verbinden ist.

5.1 Bauwerke

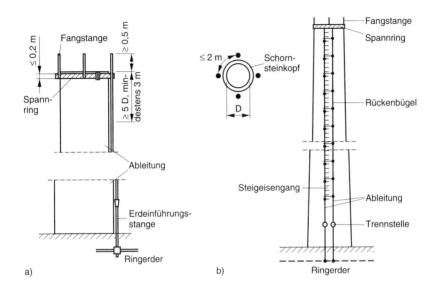

Bild 5.2: Blitzschutzanlage für einen Fabrikschornstein aus Ziegel

Die Ableitungen sind sturmsicher zu befestigen und dürfen durch ihr eigenes Gewicht nicht abgerissen werden können. Ableitungen sind möglichst ohne Verbindungsstellen zu verlegen. Das Material für die Ableitung ist der Tabelle 7.1, S. 170, zu entnehmen.
Bei monolithischen Stahlbetonschornsteinen kann die Bewehrung als Ableitung genutzt werden, bei Schornsteinen aus Stahlbetonfertigteilen dagegen nur, wenn sie an den Fugen elektrisch leitend verbunden wird.
Bei Schornsteinhöhen ab $h = 45$ m (SK III) muß mit Seiteneinschlägen gerechnet werden. In diesem Fall ist die Höhe gleich dem Kugelradius r (s. Bild 4.9). Seiteneinschläge können bei $h > 45$ m nur vermieden werden, wenn am Schornstein Fangeinrichtungen angebracht werden. Diese sollten zweckmäßigerweise mit der Blitzkugel ermittelt werden.
Auch für Schornsteine ist der Blitzschutz-Potentialausgleich nach Abschnitt 4.6 herzustellen. So sind Metallabdeckungen auf dem Schornsteinkopf, Bühnen für Luftfahrt-Hindernisbefeuerung, Werbeanlagen, Wasserringbehälter und ähnliche Einrichtungen mit den Ableitungen zu verbinden. Das gleiche gilt für im Innern durchlaufende metallene Bauteile, wie Steigleitern, Rauch- und Abgasrohre, Wendeltreppen, Fördereinrichtungen u.ä. Bei der Verbin-

dung mit den Ableitungen ist die im Abschnitt 4.6 genannte Abstandsregel anzuwenden.
Elektrische Geräte am Schornstein, z.b. Meßeinrichtungen oder Hindernisbefeuerungen, sind mit Blitzstrom- oder Überspannungsableitern zu schützen, je nachdem ob sich die Geräte in der BSZ 0 oder BSZ 0/E befinden; ggf. sind Fühler und Gehäuse durch isolierte Fangeinrichtungen gegen direkten Blitzeinschlag zu schützen. Die Kabel und Leitungen können auch in Schirmen verlegt werden; jedoch sollte ein Kostenvergleich aufgestellt werden, da der Montageaufwand nicht unerheblich ist.
Die Erdungsanlage ist als Fundamenterder oder Ringerder nach Abschnitt 4.4 auszuführen.

5.1.2 Dome und Kirchen

Als Kirchen werden hier kleinere Gotteshäuser bezeichnet, die wegen ihres geringeren kulturellen Wertes, der geringeren Menschenansammlung und auch der einfacheren architektonischen Gestaltung der SK III zugeordnet werden können. Dagegen haben Dome meistens einen hohen kulturellen Wert und bieten einer großen Anzahl von Menschen Platz. Hinzu kommt, daß die Architektur häufig sehr filigran gehalten ist, so daß nicht nur die Zuordnung in die SK II zweckmäßig ist, sondern die Fanganlage in jedem Fall mit dem Blitzkugelverfahren ermittelt werden sollte. Damit werden alle einschlaggefährdeten Punkte auf dem und am Bauwerk mit größerer Sicherheit ermittelt, was letzlich zu einer optimalen Fanganlage führt. Gleichzeitig können Aussagen zum Schutz der umgebenden Freiflächen gemacht werden. Das soll am Beispiel des Mariendomes und der St.-Severi-Kirche zu Erfurt erläutert werden [42].
Auf dem First des hohen Chores genügt eine Fangstange, um selbst die Fialen auf den Türmen mit zu schützen. Auf dem Langhaus kann die Kugel auf dem Dachfirst aufliegen, weil das gesamte Dach mit Kupferblech gedeckt ist (Bild 5.3 a). Beide Turmuhren sind gegen direkte Blitzeinschläge (BSZ 0/E) geschützt. Dies gilt auch für das elektrisch betriebene Schlagwerk in der Laterne. Hier sind die Sicherheitsabstände (Näherungen) zwischen den Energie- und Steuerleitungen und den Ableitungen zu berücksichtigen (s. Bild 4.29).
In den Bildern 5.3 b und c wird besonders deutlich, daß nicht nur der Dachbereich und Teile, die aus der Dachfläche herausragen, blitzgefährdet sind, sondern auch Teile der Pfeiler mit den aufgesetzten Fialen. Der Besucher, der sich an der Brüstung des Kavatenumgangs oder des Rondells

5.1 Bauwerke

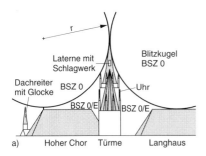

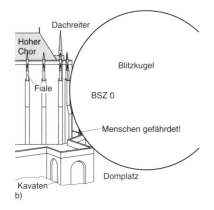

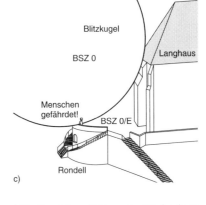

Bild 5.3: Anwendung des Blitzkugelverfahrens auf den Dom St. Marien in Erfurt

a) Firstbereich und Türme des Mariendoms
b) Domplatz, Ostseite des Mariendoms
c) Rondell und Langhaus

aufhält, muß trotz des in unmittelbar Nähe aufstrebenden Bauwerks mit einer Gefährdung rechnen. An diesen Stellen sind deshalb Hinweise für das Verhalten bei Gewitter notwendig, oder der Zugang muß während eines Gewitters gesperrt werden.

Nach [8] erhalten Kirchturm (oder -türme) und Kirchenschiff jeweils eigene Fanganlagen und Ableitungen, wobei eine Ableitung des Turmes mit der Anlage des Kirchenschiffs zusammengeschlossen werden muß. Dieser Grundsatz ist auch bei Fangstangenanlagen sichergestellt, weil spätestens mit der horizontalen Ringleitung (s. Bild 4.2) alle 20 m Gebäudehöhe der Zusammenschluß aller Ableitungen erfolgen muß.

Um Blitzströme nicht in das Innere von Kirchtürmen einzuleiten, sind Fangeinrichtungen und Ableitungen nur außen anzuordnen. Problematisch ist die Einhaltung der Näherungsbedingung (4.5), S. 105, zwischen den im Turm

5 Blitzschutzanlagen für besondere Objekte

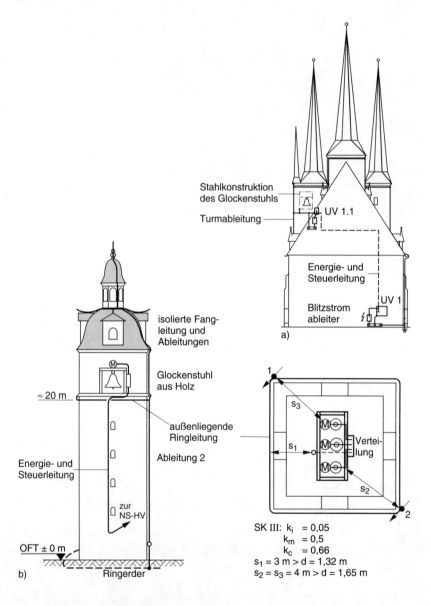

Bild 5.4: Beseitigung von Näherungen
a) durch Zusammenschluß im Nordturm der St.-Severi-Kirche Erfurt [42]
b) durch Abstand in einer Dorfkirche

5.1 Bauwerke

befindlichen Metallteilen (Glockenstuhl, Glocken) und den elektrischen Anlagen (Uhr, Verteilung, Glockenantrieb, Steueranlage). Im Bild 4.29, S. 90, ist der Zusammenschluß in Verbindung mit der Schirmung dargestellt, wobei der in der Unterverteilung (UV) eingebaute Überspannungsschutz zum Auskoppeln der Längsspannung dient (s. Abschnitt 4.7). Im Bild 5.4 a wird die Näherung durch Zusammenschluß der Stahlkonstruktion und der aktiven Leiter mit der Ableitung beseitigt. Im Bild 5.4 b wird die Näherung durch Abstandsvergrößerung beseitigt. Die Fangeinrichtung und die Ableitung einschließlich der horizontalen Ringleitung in 20 m Höhe sind als isolierte Anlage konzipiert. Auf Erdernivau wird der Blitzschutz-Potentialausgleich gemäß Abschnitt 4.6 hergestellt, d.h. auch mit den aktiven Adern der Energieeinführung.

Zusätzlich Hinweise:

– Bei hölzernen Glockenstühlen brauchen die Glocken und die Metallager nicht angeschlossen zu werden.
– Wird das Blitzkugelverfahren nicht angewendet und ein Fangnetz vorgesehen, so soll bei einem Querhaus die Fangleitung längs des Querfirstes an jedem Ende eine Ableitung erhalten. Ableitungen sind in ausreichendem Abstand (mindestens 0,5 m) von großen außenliegenden bautechnischen Stahlanlagen zu verlegen; ggf. ist eine Näherungsberechnung nach (4.5) vorzunehmen.

5.1.3 Seilbahnen

Seilbahnen, gleichgültig ob für Personen oder Versorgungsgüter, sollten während eines Gewitters den Betrieb einstellen. Die Gebäude der Tal- und Bergstationen – meist in Stahlskelettbauweise errichtet – sind mit einer Blitzschutzanlage gemäß Abschnitt 4 zu versehen. Auch wenn sich in den Gebäuden während eines Gewitters eine größere Anzahl von Menschen aufhält, dürfte die Einordnung in die SK III ausreichend sein; die Festlegung trifft aber letztlich der Eigentümer der Anlage. Die Einteilung in BSZ wird üblicherweise analog Bild 3.3 vorgenommen. Im Bereich der Zugänge sollten ggf. Maßnahmen gegen Schrittspannungen nach Abschnitt 4.4.5 vorgesehen werden. Die Stahlstützen sind mit einer Erdungsanlage nach Abschnitt 4.4 zu versehen.

Es ist dafür Sorge zu tragen, daß alle Stahlbauteile (Treib- und Umlenkscheiben, Abspanngerüste, Rollen) in den Blitzschutz-Potentialausgleich lückenlos einbezogen werden. An isolierenden Belägen von Rollen (zur besseren Seilführung) werden je nach Blitzstromhöhe Über- bzw. Durchschläge auf-

treten. Vermieden werden kann dies, wenn überhaupt gewollt, nur mittels Trennfunkenstrecken.
Energie-, Steuer- und Lautsprecherleitungen sollten beim Einführen in das Gebäude in den Blitzschutz-Potentialausgleich einbezogen werden. Wird auch an einen Schutz der Seilbahnstrecke gedacht, so sollte ein Planungsbüro damit beauftragt werden.

5.1.4 Skilifte

Liftanlagen haben während eines Gewitters den Betrieb einzustellen. Da die gesamte Anlage meistens aus einer Stahlkonstruktion besteht, dient diese als Fangeinrichtung und Ableitung. Jede Stütze sowie die Stahlkonstruktionen der Tal- und Bergstation sind mit Erdungsanlagen nach Abschnitt 4.4 zu versehen.
Alle Stahlbauteile (Treib- und Umlenkscheiben, Abspanngerüste, Rollen) sind in den Blitzschutz-Potentialausgleich einzubeziehen. Im übrigen gelten die gleichen Aussagen wie bei den Seilbahnen.
Ob das Lifthäuschen für den Liftwart neben der Anlage mit einer Blitzschutzanlage versehen werden soll, ist mit dem Eigentümer zu vereinbaren.
Es soll darauf hingewiesen werden, daß für Skiläufer oder Wanderer ein Schutz besteht, wenn sie sich während eins Gewitters unter den Seilen in gehockter Stellung aufhalten (Blitzkugel!). Dabei müssen sie sich aber ungefähr in der Mitte zwischen den Griffen bzw. Sesseln befinden. Das gilt sinngemäß auch für Seilbahnen. Dieser Tip kann in Verhaltensregeln als unverbindlicher Hinweis aufgenommen werden.

5.1.5 Fördertürme

Die Stahlkonstruktion des Förderturms dient gleichzeitig als natürliche Fang- und Ableiteinrichtung. Es ist dafür Sorge zu tragen, daß der Förderturm von einem Ringerder umgeben ist oder auf einem Fundamenterder steht (s. Abschnitt 4.4). Wichtig ist, die Erdungsanlage so flächig wie möglich auszuführen. Hierzu sind alle natürlichen Erder im Betriebsgelände mit dem Ringerder zu verbinden. Im Bereich der Standfläche von Menschen ist zur Potentialsteuerung ein Maschenerder gemäß Abschnitt 4.4.4 vorzusehen. Innerhalb des Förderturms ist der Blitzschutz-Potentialausgleich nach Abschnitt 4.6 auszuführen. Dabei sind besonders die Lauf- und Gleitschienen sowie das Förderseil für die Förderkörbe zu erfassen. Die Lauf- und Gleit-

schienen sind im Förderturm mit der Fangeinrichtung und mit der Erdungsanlage zu verbinden. Im Förderschacht ist die Erdung (Potentialausgleich) mit metallenen Ausrüstungen alle 20 m in die Tiefe und an der Fußkonstruktion zu wiederholen. Dies gilt auch für aktive Adern von Starkstrom- und Informationsleitungen. Das Förderseil ist über die Seilrolle im Maschinenhaus zu erden.
Zur Kontrolle sind alle Anschlüsse, Abzweige und Verbindungen sichtbar zu verlegen.

5.1.6 Kühltürme

Kühltürme werden aus Stahlbeton, Stahlbetonteilen oder Stahl erbaut und stehen auf Betonwannen, in denen die Wassermassen aufgefangen werden. Kühltürme aus Stahl tragen innen eine Holzverkleidung, die die Stahlkonstruktion überragt. Auf dieser Holzverkleidung ist eine Fangleitung zu verlegen, die im Bogenmaß alle 20 m über Verbindungsleitungen an die Stahlkonstruktion anzuschließen ist. Die Stahlkonstruktion dient als Ableitung. Wenn kein Fundamenterder vorhanden ist, ist ein Ringerder vorzusehen, der mit der Stahlkonstruktion zu verbinden ist.
Bei der Materialauswahl ist zu beachten, daß aufgrund des hohen Feuchtigkeitsgehalts mit erhöhter Korrosion zu rechnen ist. Gegebenenfalls sind die Querschnitte der Leitungen größer zu wählen.
Bei Stahlbetonkühltürmen kann die Bewehrung als Fangeinrichtung, Ableitung und Erdungsanlage (Fundamenterder) genutzt werden. Da die Türme in der Regel in Gleitschalung errichtet werden, kann die Bewehrung sehr sorgfältig eingebracht und verrödelt werden. Die Vielzahl dieser Rödelverbindungen macht Schweißverbindungen unnötig.

5.1.7 Sonstige turmartige Bauwerke

Hierzu zählen z.B. Wassertürme, Windräder, Windkraftpumpen, Windgeneratoren, Aussichtstürme, Leuchttürme, Denkmäler, Feuerwachtürme. Diese Bauwerke werden meistens in die SK III einzuordnen sein. Vom Grundsatz ist eine Blitzschutzanlage analog Bild 3.3 zu bauen. Außen am Gebäude angebrachte elektrische Geräte, z.B. Hindernisbefeuerung, sollten sich immer in der BSZ 0/E befinden. Besonders zu beachten sind Näherungen zwischen elektrischen Anlagen und der äußeren Blitzschutzanlage. Abhilfe dürfte in den meisten Fällen durch Zusammenschluß möglich sein, seltener

durch Abstandsvergrößerung. An Standorten von Menschen und Tieren sind Maßnahmen gegen Berührungs- und Schrittspannung vorzusehen (s. Abschnitt 4.4.5).
Bei Bauwerken aus Stahl dient die Stahlkonstruktion gleichzeitig als Fang- und Ableiteinrichtung. Die Errichtung eines Ring- oder Einzelerders ist nur notwendig, wenn kein Fundamenterder vorhanden ist. Bei turmartigen Bauwerken aus Stahlbeton sollte die äußere Blitzschutzanlage möglichst als integrierte Anlage, d.h. unter Nutzung der Bewehrung, ausgeführt werden. Für turmartige Bauwerke aus nichtleitenden Werkstoffen ist Bild 5.5 maßge-

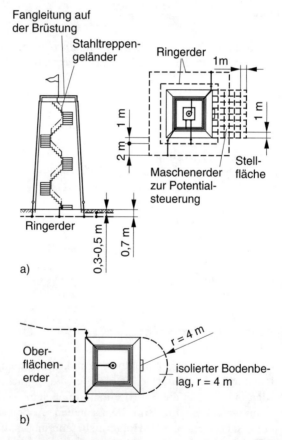

Bild 5.5: Blitzschutzanlage für turmartige Bauten
a) turmartige Bauten aus Holz oder Stein
b) Schutzanordnung ohne Potentialsteuerung

5.1 Bauwerke 119

bend. Besonders im Gebirge ist wegen des felsigen Bodens eine Potentialsteuerung nur mit großem Aufwand möglich. In solchen Fällen kann die Schutzanordnung nach Bild 5.5 b angewendet werden [37]. Die Standortisolierung ist gemäß Abschnitt 4.4.4 herzustellen.
Fahnenstangen aus Metall auf Bauwerken werden wie Fangstangen behandelt und am Fuß mit der Fangleitung verbunden. An hölzernen Fahnenstangen genügt die Hochführung eines gut befestigten Drahtes (Durchmesser 8 mm, ca. 0,2 m über die Stange), der am Fuß der Fahnenstange mit der Fangleitung verbunden wird.

5.1.8 Traglufthallen

Traglufthallen werden außer für Wohnzwecke sowie feuer-, explosions- und explosivstoffgefährdete Bereiche für alle übrigen Nutzungsarten eingesetzt. Die Hülle besteht aus Polyamid- oder Polyester-Kordseidennähgewirk, das mit Weich-PVC beschichtet ist. Bei Blitzschlag wird ein Durchschlag durch die Hülle zugelassen. Das Material der Hülle gerät dabei nicht in Brand; es entsteht nur ein kleines Loch, das geklebt werden kann.
Für die Errichtung der äußeren Blitzschutzanlage sind mehrere Varianten möglich:
In der Hauptachse und in Abständen von 10 m quer zur Hauptachse werden Fangleitungen angebracht (Bild 5.6 a). Zur Aufnahme der Fangleitungen und Ableitungen sind vom Hersteller oder vom Sattler innen an der äußeren Hülle Laschen anzunähen (Abstand der Laschen ca. 1 m, freier Durchmesser 10 mm).
Als Leitungsmaterial ist Drahtseil mit PVC-Isolierung (als Schutz gegen Scheuerwirkung) zu verwenden (Mindestquerschnitt nach Tabelle 7.1). Leitungsverbindungen sind möglichst nur an Kreuzungspunkten der Auffangleitungen vorzusehen. Für die Verbindung der Ableitungen mit der Erdungsanlage sollten die bautechnischen Verbindungen zwischen Hülle und Verankerung im Erdreich genutzt werden. Als Erdungsanlage kann die bautechnische Verankerung (meist Fertigteilfundamente) dienen. Um trotz der geringen Einbettungstiefe eine ausreichende Erderwirkung zu erreichen, sind alle Fertigteilfundamente zu einem Erderring zusammenzuschließen. Dazu werden bei Ankerbügelverankerung die Ankerbügel mittels feuerverzinkten Rundstahls (Durchmesser 8 mm) durch Schweißen oder Klemmen miteinander verbunden. Bei Ankerrohr- und Profilstahlverankerung genügen die technologischen Verbindungen (Bild 5.6 c).

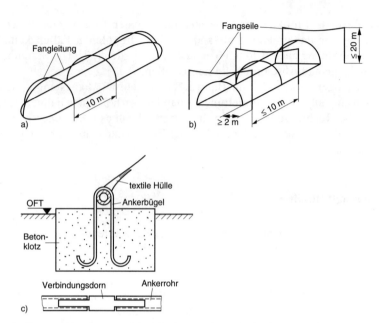

Bild 5.6: Äußere Blitzschutzanlage für Traglufthallen
a) Grundraster für Fangleitungen an der Hülle
b) frei überspannte Fangleitungen
c) Beispiel für Erdungsanlage

Eine andere Möglichkeit ist eine isolierte Fang- und Ableiteinrichtung, die als überspannende Anlage errichtet wird (Bild 5.6. b). Der entstehende Schutzraum sollte ggf. mit der Blitzkugel nachgeprüft werden. Als Erdungsanlage kann wiederum die bautechnische Verankerung genutzt werden.
Unter der Voraussetzung, daß ein Durchschlag durch die Hülle zugelassen wird, können auch metallene Einbauten in der Halle als Fang- und Ableitung genutzt werden (Prinzip der Unterdachanlagen). Das können z.B. die Peitschenmaste oder Spannseilaufhängungen von Beleuchtungsanlagen oder Metallregale sein. In jedem Fall muß sich die zu schützende Grundfläche im Schutzbereich dieser metallenen Einbauten befinden. Da der Blitzstrom über die metallenen Einbauten abfließt, sind diese über einen Ringerder zu verbinden. An Stellen möglicher Menschenansammlungen sollten Maßnahmen gegen Berührungs- und Schrittspannungen (s. Abschnitt 4.4.5) vorgesehen werden.
Der Blitzschutz-Potentialausgleich ist nach Abschnitt 4.5 auszuführen. Besonders sind metallene Versteifungen in den Türschleusen, Schutzleiter, die

Beleuchtungsanlage (Stahlmaste, Spanndrahtinstallation), Heizungs- und Lüftungsanlagen und metallene Regaleinbauten zu berücksichtigen. Die aktiven Adern der Energiezuleitung sind mit Blitzstromableitern zu schützen. Bei den ersten beiden Varianten der äußeren Blitzschutzanlage ist die Näherungsbedingung (4.5) von metallenen Einbauten zu Fang- und Ableitungen zu überprüfen. Da ein Zusammenschluß kaum möglich sein wird, muß ggf. der Abstand vergrößert werden.

5.1.9 Fernwärmeleitungen und Rohrbrücken

Oberirdisch verlegte Fernwärmeleitungen und Rohrleitungen bzw. metallene Rohrbrücken dienen als Fangleitung, die Stahlkonstruktion einschließlich der Fundamente als Ableitung und Erdungsanlage. Es genügen die technologisch bedingten Verbindungen.
Als maximaler Abstand für die Erdung der Rohrleitung auf Rohrbrücken sollten 20 m nicht überschritten werden. Treten Leitungen in ein blitzgeschütztes Gebäude ein oder führen sie an ihm vorbei, so sind sie in den Potentialausgleich des Gebäudes einzubeziehen.
In der Praxis werden verschiedentlich Energie- und Fernmeldeleitungen (meist Steuerleitungen) auf Rohrbrücken mit verlegt, ungünstigerweise häufig oberhalb der Rohre. Damit sind sie einschlaggefährdet. Ein wirksamer Schutz ist in diesem Fall nur durch Schirmung (z.B. Abdeckung mit durchverbundenen Metallhauben) möglich. Bei großen Leitungslängen muß die Längsspannung u_l (s. Abschnitt 4.5, Rechenbeispiel Abschnitt 5.1.11) berücksichtigt werden.

5.1.10 Sportfreianlagen

Sportfreianlagen, z.B. Stadien, Sportplätze, Freibäder, Regattastrecken, Wintersportanlagen (Sprungschanzen, Biathlonschießstände), werden für Sportveranstaltungen und die aktive sportliche Erholung genutzt. Sie dienen häufig auch als Versammlungsstelle, z.B. für Open-air-Veranstaltungen. Bei Sportfreianlagen ist die Hauptfunktionsfläche – die Sportfläche – nicht überdacht, die zugehörigen Zuschauerbereiche (z.B. Tribünen) können dagegen überdacht sein.
Für den Blitzschutzfachmann ergibt sich das Problem, mit vertretbarem ökonomischem Aufwand eine Blitzschutzanlage zu konzipieren. Dabei ist der Schutz auf solche Bereiche zu konzentrieren, wo wegen einer großen

Ansammlung von Menschen eine Panik ausbrechen kann (z.B. Tribüne) oder wo ein Verlassen der Sportfläche von den Menschen nicht sofort akzeptiert wird (z.B. Badefreibecken). Der Schutz der Sportfreiflächen ist unzweckmäßig, weil die wenigen Sportler veranlaßt werden können, in blitzgeschützte Bereiche (z.B. Umkleideräume) zu gehen. Für Sportfreianlagen sind demzufolge sicherheitstechnische Blitzschutzmaßnahmen und Verhaltensregeln oder auch nur Verhaltensregeln festzulegen. Die folgenden Blitzgefahren sind zu berücksichtigen:

- direkter Blitzeinschlag (voller Blitzstrom, volles Blitzfeld),
- Schrittspannung,
- Überspringen der Blitzströme von einer getroffenen baulichen Anlage auf den Menschen,
- elektrische Durchströmung beim Berühren einer blitzstromführenden baulichen Anlage, z.B. Flutlichtmast,
- Blendung, Gehörschäden.

In den Sportfreianlagen sind Schutzräume mit der BSZ 0/E zu schaffen, in denen ein Verbleib der Menschen möglich wird. Dieses Problem läßt sich nur sinnvoll nach [9] mit der Festlegung von Schutzklassen und Blitzschutzzonen lösen. Die Klassifizierung nach Tabelle 5.2 ist empfehlenswert.
Im Bild 5.7 ist die Ermittlung des Schutzraumes für Tribünen ohne Überdachung mit der Blitzkugel dargestellt. Im Standbereich eines Menschen sollte die Mindesthöhe von 2,5 m eingehalten werden (Bild 5.7 a). Trotz der hohen Flutlichtmaste bleibt der Stadioninnenraum (Spielfläche und Laufbahnen) im ungeschützten Bereich (Bild 5.7b). Der Abstand gegenüberliegender Flut-

Tabelle 5.2: Zuordnung der Sportfreianlagen zu Schutzklassen und Schutzzonen

bauliche Anlage	SK	Schutzmethode	Mindestforderung
Tribünen nicht überdacht	II	Kugel $r = 30$ m Winkel	BSZ 0/E
Tribünen überdacht	III	Masche Kugel $r = 45$ m Winkel	BSZ 0/E
Hallenfreibecken Freibecken	I	Kugel $r = 20$ m	BSZ 0/E am Beckenrand Potentialsteuerung
Fluchtunterstände (Schutzhütten, Zelte)	IV	Kugel $r = 60$ m Winkel	BSZ 0/E, ggf. im Eingangsbereich Potentialsteuerung

5.1 Bauwerke

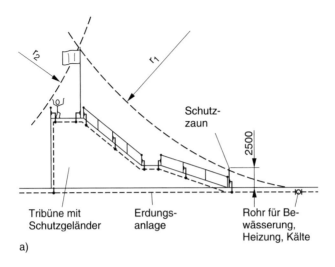

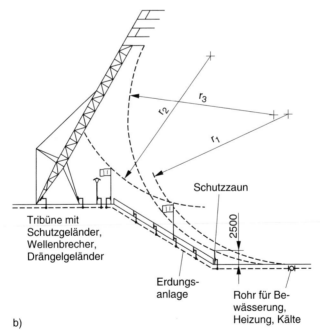

Bild 5.7: Schutzraumbestimmung bei einer Tribüne ohne Überdachung
a) mit Schutzraum und Fahnenstange
b) mit Flutlichtmast

lichtmaste beträgt nämlich über 80 m, so daß die Blitzkugel auf die Spielfläche durchfällt. Dies sollte der Blitzschutzfachmann dem Betreiber der Sporteinrichtung mitteilen, weil dieser dann Verhaltensregeln festzulegen hat.

5.1.11 Brücken

Brückenbauwerke, die große Flüsse, ausgedehnte und tiefe Täler oder Autobahnkreuze überspannen, können Blitzschutzmaßnahmen erfordern. Insbesondere kann ein Schutz der folgenden Anlagen zweckmäßig sein:
- Brückenlager,
- elektrische Einrichtungen auf und an der Brücke,
- fremde Rohrleitungen und Kabel (Starkstrom-, Fernmeldekabel), die mit in der Brücke geführt werden.

Im wesentlichen genügt es, die vorhandenen Stahlkonstruktionen bzw. Bewehrungen im Stahlbeton so herzurichten, daß der o.g. Schutz über diese Teile gewährleistet wird. Dies erfordert im einzelnen folgende Maßnahmen (Beispiel Bild 5.8):

- Die Gründungen der Brückenpfeiler werden als Fundamenterder genutzt.
- Die Bewehrung in den Brückenpfeilern bzw. die Stahlkonstruktion dient zum Ableiten des Blitzstromes. Dabei dürften aus blitzschutztechnischer Sicht die technologisch vorhandenen Verbindungen (Rödelverbindungen der Bewehrung bzw. Schraub- oder Nietverbindungen der Stahlkonstruk-

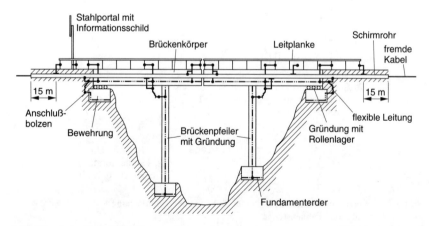

Bild 5.8: Beispiel für Blitzschutzmaßnahmen an einer Stahlbetonbrücke

5.1 Bauwerke

tion) für die Ableitung der Blitzströme ausreichen. Im Bereich der Brückenlager sind Anschlußbolzen vorzusehen, um die Lager mit flexiblen Leitungen überbrücken zu können. Die flexiblen Leitungen gelten als Ableitungen. Ihr Mindestquerschnitt ist der Tabelle 7.1 zu entnehmen. Über diese flexiblen Leitungen wird praktisch der Brückenkörper (Bewehrung bzw. Stahlkörper) angeschlossen. Im Bereich des Brückenkörpers sind Anschlußstellen bereitzustellen.
– Alle metallenen Teile auf der Brücke, z.b. Geländer, Leitplanken, Schienen (soweit zulässig), Stahlgerüste oder -portale für Leiteinrichtungen bzw. Informationsschilder, sind mit den Anschlußstellen am Brückenkörper zu verbinden. Der mittlere Abstand sollte 20 m (SK III) betragen.
– Fremde Kabel, die über die Brücke geführt werden, sollten in einem Schirmrohr verlegt werden. Die Schirmung ist nach den Grundsätzen des Abschnitts 4.5 auszuführen. Das Schirmrohr sollte an den Enden der Brücke ca. 15 m weitergeführt werden. Zwischen dem Schirmrohr und der aktiven Ader ergibt sich die Längsspannung u_l. Zur Abschätzung sollten die Teilblitzströme gemäß Abschnitt 3.2 und Bild 3.5 ermittelt werden. Für das Beispiel Bild 5.8 (nur ein Energiekabel mit 3 aktiven Adern) ergibt sich folgende Längsspannung:
Als Schutzklasse wurde SK III gewählt, damit ist $\hat{\imath} = 100$ kA. Daraus folgen

$$i_i = \frac{50 \text{kA}}{2} = 25 \text{kA} \quad \text{und} \quad i_v = \frac{25 \text{kA}}{3} = 8 \text{kA},$$

$$u_l = R_K \, \hat{\imath}_v \, l \tag{5.1}$$

Mit Stahlrohr 64 mm x 1,3 mm ergibt sich $R_K = 0,08$ mΩ/m [46] und damit

$$u_l = 0,08 \cdot 10^{-3} \ \Omega/\text{m} \cdot 8 \cdot 10^3 \ \text{A} \cdot 15 \ \text{m} = 9,6 \ \text{V}.$$

Nach [46] beträgt die Spannungsfestigkeit von Starkstromkabeln bis zu 30 kV, von Fernmeldekabeln 5...8 kV und von Signal- und Meßkabeln bis zu 20 kV. Aufgrund der abgeschätzten Spannungserhöhung zwischen Ader und Schirmrohr ist kein Isolationsdurchschlag zu erwarten. Ob letztlich am Ende des Schirmrohres doch ein Überspannungsableiter vorgesehen werden sollte, hängt wesentlich von den an das fremde Kabel angeschlossenen Anlagen (Spannungsfestigkeit) und deren Entfernung zur Brücke ab.
– Fremde Rohrleitungen sind an beiden Brückenenden in den Potentialausgleich einzubeziehen.

- Elektrische Einrichtungen auf der Brücke sind entsprechend Bild 3.4 mit Blitzstrom- oder Überspannungsableitern zu beschalten. Zweckmäßig ist eine kombinierte Geräte- und Leitungsschirmung.
- Näherungsbetrachtungen können bei Brücken außer acht gelassen werden, da in jedem Fall alle metallene Systeme zusammengeschlossen werden sollten.
- An Brückenaufgängen sind Maßnahmen gegen Berührungs- und Schrittspannungen als Personenschutz vorzusehen.

5.2 Spezielle elektrische und technologische Anlagen

5.2.1 Elektrosirenen

Elektronische Sirenenanlagen, die heute dominieren, bestehen grundsätzlich aus folgenden Bestandteilen (Bild 5.9):

- Sirenenmast,
- Sirenenschrank,
- Batterieschrank,
- Energiezuleitung,
- ggf. RDS-/BOS-Empfangsantenne,
- ggf. TEMEX-Zuleitung (Telefonleitung).

Die Auslösung der Sirene erfolgt entweder über Funk unter Benutzung von RDS (Radio Data System) bzw. des BOS-Bandes (Behörden-Organisation mit Sicherheitsaufgaben) oder über Telefonleitung.
Aufgrund des exponierten Standortes des Sirenenlautsprechers besteht eine relativ hohe Gefährdung bei Gewitter. Statistisch wird jährlich eine von 250 Sirenenanlagen vom Blitz getroffen [48]. Wie bisherige Erfahrungen zeigen, ist meistens nur ein äußerer Blitzschutz vorhanden; sowohl der Blitzschutz-Potentialausgleich, besonders mit den aktiven Adern, als auch die Schirmung werden häufig vernachlässigt. Schäden an Sirenenanlagen, besonders am Steuerschrank (Sirenenschrank), haben dies verdeutlicht.
Bei der Konzipierung des Blitzschutzes kann wie folgt vorgegangen werden: Sirenenanlagen können der Schutzklasse III (Blitzkugelradius 45 m) zugeordnet werden. Zunächst sind die Blitzschutzzonen zu ermitteln, weil damit das günstigste Schutzkonzept zu erreichen ist. Zweckmäßig ist es, die gesamte Sirenenanlage geschirmt auszuführen (Bild 5.9). Innerhalb der Schirmung sind die reduzierte Wirkung des elektromagnetischen Blitzfeldes und die

5.2 Spezielle elektrische und technologische Anlagen 127

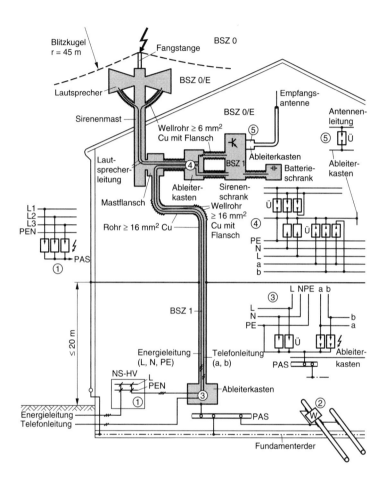

Bild 5.9: Beispiel des Blitzschutzes für eine elektronische Sirenenanlage

induzierte Blitzspannung (Längsspannung) zu berücksichtigen. Mit der Schirmung ergeben sich auch wesentlich weniger Schnittstellen und ein einfacher, überschaubarer Blitzschutz-Potentialausgleich. Im Beispiel des Bildes 5.9 sind die folgenden Schnittstellen zu berücksichtigen:

- im Erdungsbereich des Gastgebäudes:

    ①   BSZ 0 →BSZ 0/E   Energiezuleitung
    ②   BSZ 0 →BSZ 0/E   Wasser- und Heizungsleitung
    ③   BSZ 0 →BSZ 1   Telefonleitung

- Gastgebäude → Sirenenanlage:

  ③ BSZ 0/E →BSZ 1   Energiezuleitung
  ⑤ BSZ 0/E →BSZ 1   Antennenleitung

- innnerhalb der Sirenenanlage (Sirenenschrank):

  ④ BSZ 1   Energieleitung
            Telefonleitung
            Lautsprecherleitungen

Im Erdungsbereich sind die Teilblitzströme über die Versorgungsleitungen zu ermitteln (Berechnung im Abschnitt 3.2). Die errechneten Blitzstromparameter sind Grundlage für die Auswahl der Verbindungsbauteile und Blitzstromableiter an den Schnittstellen ①, ② und der Telefonleitung ③. Der Ableiterkasten wird möglicherweise in einen anderen Raum montiert als die NS-HV. Da ab dem Ableiterkasten die weitere Leitungsführung im Schirmrohr erfolgt, ergibt sich für die Energieleitung die Schnittstelle ③. Die Energieleitungen sind mit Überspannungsableitern 8/20 µs zu schützen.

Bei der Schirmung ist darauf zu achten, ob diese blitzstromtragfähig oder nur teilblitzstromtragfähig sein muß. Im Beispiel des Bildes 5.9 müssen der Sirenenmast, die Mastfläche, das Schirmrohr und der Ableiterkasten ③ blitzstromtragfähig sein. Entsprechend sind die Verbindungen und Querschnitte zu wählen. In den Ableiterkästen ④ und ⑤ werden alle Leitungen, die in den Sirenenschrank hinein- bzw. hinausführen, mit Überspannungsableitern 8/20 µs beschaltet. Damit werden in den Adern bzw. Leiterschleifen induzierte Spannungen ausgekoppelt und so die empfindliche Elektronik geschützt. Die grundsätzliche Beschaltung in den Ableiterkästen ist im Bild 5.9 mit dargestellt. Bei der Auswahl der Ableiter sollte eine versierte Herstellerfirma konsultiert werden, zumal meistens bei Sirenenanlagen gleichzeitig der Schutz gegen Höhen-NEMP (nuklearer elektromagnetischer Impuls) mit vorzusehen ist.

Bei Gebäudehöhen über 20 m [9] bzw. 30 m [8] ist mindestens alle 20 m Höhenzunahme ein weiterer Blitzschutz-Potentialausgleich auszuführen. Im Bild 5.9 wurde das Schirmrohr mit den Ableitungen verbunden. Der Fuß des Sirenenmastes ist auf kürzestem Weg mit der Fangleitung zu verbinden. Wenn keine äußere Blitzschutzanlage vorhanden ist, muß der Sirenenmast eine Ableitung erhalten. Die Erderanordnung ist nach Abschnitt 4.4.2 festzulegen. Bei fehlender äußerer Blitzschutzanlage müssen unbedingt die Näherungsbedingungen zwischen

- der Sirenenanlage und deren Ableitung sowie
- der metallenen Installation und den elektrischen Leitungen des Gastgebäudes eingehalten werden.

5.2.2 Krane und Förderbrücken

Schienengebundene Krane und Förderbrücken werden wie in Bild 5.10 geerdet bzw. in den Potentialausgleich einbezogen. Es sind beide Schienen zu erden. Stehen Fundamenterder zur Verfügung, so sind diese vorzugsweise (statt Einzelerder) zu verwenden. Zweckmäßig ist eine Verbindung zur zweiten Schiene an dieser Stelle (Bild 5.10). Auch die Einbeziehung von metallenen Rohrleitungsnetzen, z.B. Wasserleitungen, kann zweckmäßig sein. Wenn die Schienenstöße mit Laschen aus Stahl verbunden sind, ist eine Überbrückung für den Blitzschutz nicht notwendig. Apparate, Maschinen u.ä. im Umkreis von ca. 20 m sollten mit einer Schiene verbunden werden. Als Zuleitung zu den Erdern und als Verbindungsleitung genügt nach [8] verzinkter Bandstahl 30 mm x 3,5 mm. Die Anschlüsse müssen mit Schrauben M 10 mit Federring hergestellt und die Schraubverbindungen gut gefettet werden.

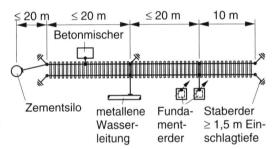

Bild 5.10: Blitzschutzerdung von Kranbahnen

Der Zusammenschluß von Kranschienen mit Bahngleisen (auch Gleisanlagen in Tagebauen) darf nur nach Zustimmung des Gleiseigentümers erfolgen (s. Tabelle 4.4). Die Stahlkonstruktion des Kranes bzw. der Förderbrücke dient gleichzeitig als Fang- und Ableiteinrichtung. Elektrische und besonders elektronische Einrichtungen im Kran bzw. auf der Förderbrücke können nur durch den Einbau von Blitzstrom- bzw. Überspannungsableitern sowie eine gut durchdachte und sorgfältig geplante Schirmung geschützt werden.

5.2.3 Aufzugsanlagen

Bei Aufzugsanlagen wird zwischen Außen- und Innenaufzügen unterschieden. Im Beispiel des Bildes 5.11 ist das Gebäude in klassischer Bauweise errichtet, ist also zur Gebäudeschirmung nicht geeignet. Hieraus resultieren

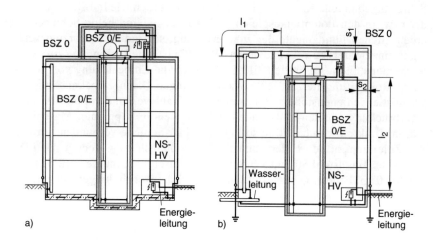

Bild 5.11: Beispiele von Blitzschutzmaßnahmen bei Aufzugsanlagen
a) Zusammenschluß im Fangbereich
b) kein Zusammenschluß im Fangbereich

auch die festgelegten BSZ 0 und BSZ 0/E (im Gebäude). Bei den Blitzschutzmaßnahmen unterscheidet man grundsätzlich zwei Varianten.

Variante 1
Im Maschinenraum werden alle metallenen Teile, wie Maschinenrahmen, Aufzugsschienen, Kranschiene und Schutzleiter, zusammengeschlossen und mit den Fangleitungen verbunden (Bild 5.11 a). Weil damit bewußt Blitzströme in die Aufzugsanlage eingekoppelt werden, müssen die aktiven Adern der Energie- und Steuerleitungen in den Blitzschutz-Potentialausgleich mit einbezogen werden. Dies kann z.B. nach Bild 5.11 a erfolgen. In der Aufzugsverteilung und in der NS-HV sind alle aktiven Adern zur Auskopplung des Blitzstromes mit Blitzstromableitern zu schützen. Die Ermittlung der Blitzstromparameter erfolgt im Aufzugsraum nach dem 1. Kirchhoffschen Gesetz und im Erdungsbereich nach Abschnitt 3.2.
Denkbar wäre auch eine Kombination mit der Schirmung analog dem Beispiel der Sirenenanlage Bild 5.9.

5.2 Spezielle elektrische und technologische Anlagen

Variante 2

Im Maschinenraum werden wiederum alle metallenen Teile und der Schutzleiter zusammengeschlossen. Es erfolgt aber kein Zusammenschluß mit den Fangleitungen bzw. den Ableitern, vielmehr ist die Näherungsbedingung (4.5) einzuhalten (Bild 5.11 b). Dabei geht es nicht nur um den Abstand im Maschinenraum (s_1), sondern auch um den Abstand der Energieleitung zur Aufzugsverteilung (s_2).
Bei außen am Gebäude befestigten Aufzügen wird hauptsächlich die Variante 1 zur Anwendung kommen. Die Stahlkonstruktion für den Aufzug wird als Fangeinrichtung bzw. Ableitung genutzt, so daß die Näherungsbedingung (4.5) nicht eingehalten werden kann.

5.2.4 Hochregallager

Hochregallager dienen zur Lagerung von Produkten. Wegen der Höhe und Größe der Hochregale erfolgt die Beschickung meistens mittels elektronisch gesteuerter Fördertechnik. Im Dachbereich sind häufig Ionisationsmelder montiert, die mit der Brandwarnzentrale verbunden sind. Diese können bei Blitzeinwirkungen durch Feldverschiebungen zu Fehlauslösungen neigen, wenn der Potentialausgleich zwischen den metallenen Hochregalen nicht sachgemäß ausgeführt wurde und der Abstand zur Fangeinrichtung zu gering ist. Der Zusammenschluß aller metallenen Hochregale ist nicht nur im Erdungsbereich, sondern auch im Dachbereich notwendig. Da möglichst keine

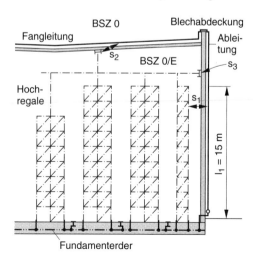

Bild 5.12: Beispiel von Blitzschutzmaßnahmen im Hochregallager

Blitzströme in das Gebäude eindringen sollen, muß ein ausreichend großer Abstand zur Fangeinrichtung bzw. den Ableitungen eingehalten werden. Im Bild 5.12 ist eine Möglichkeit für die Gestaltung des Blitzschutzes angedeutet. Hierfür muß bereits bei der Planung des Gebäudes eine enge Zusammenarbeit zwischen allen Beteiligten erfolgen. Im Beispiel Bild 5.12 muß der Abstand zwischen den Hochregalen sowie deren Verankerung und der Fangleitung bzw. Ableitung bei der SK III $s_1 \geq d \approx 0,7$ m und bei SK II $s_1 \geq d \approx 1,0$ m (l_1 = 15 m) betragen. Diese Abstandsregel würde auch für elektrische Geräte und andere metallene Installationen, z.B. Heizungsleitungen, gelten. Können die Abstände nicht eingehalten werden oder wird die Blitzschutzanlage erst zu einem späteren Zeitpunkt errichtet, so muß ein ausgewogenes Blitzschutz-Potentialausgleichskonzept geplant werden.

5.2.5 Antennenanlagen

Der Schutz von Antennenanlagen gewinnt mit der zunehmenden Empfindlichkeit der Empfangs- oder Sendeanlagen immer größere Bedeutung. Der Antennenmast bildet aufgrund seines exponierten Standortes einen bevorzugten Einschlagort; er ist häufig eine ungewollte Fangeinrichtung. Trotzdem ist es nicht in jedem Fall zulässig, den Antennenmast direkt zu erden, z.B. bei Sendeantennen. Der Blitzschutzfachmann hat sich, bevor er mit der Errichtung des äußeren Blitzschutzes sowie des Blitzschutz-Potentialausgleichs beginnt, mit dem Antennenerrichterbetrieb abzustimmen. Nur dieser Betrieb ist über die spezifischen Betriebsbedingungen der Antennenanlage informiert; hinzu kommt, daß er auch für den Überspannungsschutz zuständig ist.

Empfangsantennen- und Verteilanlagen (EVA)

Diese Antennenanlagen dienen ausschließlich dem Hör- und Fernsehrundfunk. Die Einbeziehung in eine Blitzschutzanlage bzw. die Ausführung der Erdung von Antennenträgern ist in DIN VDE 0855 [29] geregelt. Für den Blitzschutzfachmann ist zu beachten:

- Antennen auf dem Dach von Gebäuden sowie metallene Teile, die zum Tragen oder Befestigen der Antenne dienen, sind auf kürzestem Weg mit der Fangeinrichtung zu verbinden. Dafür sollte das gleiche Material wie für die Fangleitung verwendet werden.
- Außenantennen am Gebäude und Unterdachantennen müssen mit der Ableitung bzw. Fangleitung verbunden werden, wenn der Abstand von

5.2 Spezielle elektrische und technologische Anlagen 133

0,5 m bzw. nach (4.5) unterschritten wird; ggf. wird der Montageort der Antenne verlegt (Abstandsvergrößerung). Ansonsten brauchen nach [29] Unterdachantennen und Außenantennen, deren höchster Punkt mindestens 2 m unter der Dachkante und deren entferntester Punkt nicht weiter als 1,5 m von der Gebäudewand entfernt liegt, nicht geerdet zu werden. Auch auf die Einbeziehung in den Potentialausgleich wird verzichtet.

- Als Ableiter (Erdungsleiter) dürfen auch im Gebäude vorhandene metallene Installationen, z.b. Wasser- und Heizungsleitungen, Stahlskelette, Bewehrungen, Feuerleitern, Eisentreppen, genutzt werden. Der Mindestquerschnitt muß 16 mm^2 Cu, 25 mm^2 Al oder 50 mm^2 Stahl betragen (s. Tabelle 3.2).
- Erfolgt eine Einzelerdung, d.h. ist kein Blitzschutzerder vorhanden, so sollen nach [29] Staberder mindestens 1,5 m und Banderder mindestens 3,0 m tief liegen. Es können auch im Erdreich liegende metallene Rohrnetze genutzt werden, wenn die Genehmigung des Eigentümers vorliegt. Aus blitzschutztechnischer Sicht empfiehlt es sich, bei Einzelerdung den Typ A nach Abschnitt 4.4.2 (SK III) anzuwenden.
- Nichtleitende Antennenträger, z.B. Holzmaste, sind mit einem Blitzschutzdraht von 8 mm Durchmesser zu versehen, der ca. 0,2 m über den Antennenträger herausragt.
- Der Antennenmast kann zur Schutzraumkonstruktion mit genutzt werden.
- Nach [29] ist der Potentialausgleich zwischen den Betriebsmitteln der Antennenanlage mit mindestens 4 mm^2 Cu herzustellen (Bild 5.13 b). Dieser Querschnitt genügt den Forderungen zum zusätzlichen Potentialausgleich nach Tabelle 4.9. Hiermit werden aber in keiner Weise Blitzstrombelastungen berücksichtigt. Sinngemäß gilt dies auch für die Schirme der Koaxialkabel.
- Kopfstationen mit ihrem Verteilernetz sind hinsichtlich des Blitzschutzes in der gesamten Ausdehnung zu beachten. Die Kopfstation steht meistens auf einem Berg (exponierte Lage). Das Antennenkabel wird häufig in der Erde bis zum zu versorgenden Ort oder Gebäude geführt. Im Ort wird es dann als Erd- oder Freileitung flächenhaft weitergeführt. Antennenfreileitungskabel mit Spanndraht werden so ungewollt zu einer Fanganlage, die von der Blitzstromtragfähigkeit her unterbemessen und äußerst mangelhaft geerdet ist (s. Bild 5.13 b). Bei der Kopfstation kann der Antennenmast als Fangstange dienen. Das zugehörige Häuschen sollte im Schutzraum stehen (Bild 5.13 a). Die Antennenkabel sollten in einem Schirmrohr verlegt und im Häuschen ggf. mit Überspannungsableitern beschaltet werden. Das abgehende Antennenkabel und das kommende Energiekabel sind mit Blitzstromableitern zu beschalten.

134 5 Blitzschutzanlagen für besondere Objekte

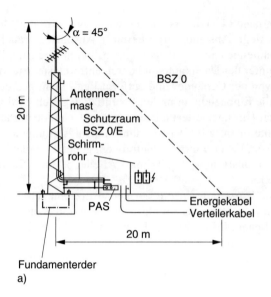

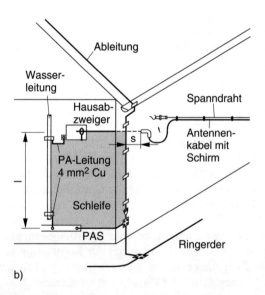

Bild 5.13: Kopfstation und Verteilernetz
a) Beispiel des Blitzschutzes für eine Kopfstation
b) Abstand des geerdeten Antennenkabels zur Ableitung
$l = 6$ m, $k_i = 0{,}05$ (SK III), $k_c = 0{,}66$ (zweidimensionale Anlage), $k_m = 0{,}5$ (Feststoff)
$s \geq d \approx 0{,}4$ m

5.2 Spezielle elektrische und technologische Anlagen 135

Die Kopfstationen werden häufig durch einen Zaun gegen Zutritt geschützt. Handelt es sich um einen Metallzaun, so sind dieser mit der Erdungsanlage und die Zaunfelder untereinander elektrisch leitend zu verbinden. Der Schutz der Antennen- und Energiekabel kann durch beigelegte künstliche Erder (s. Abschnitt 4.4.1) erfolgen. Im Ort ist darauf zu achten, daß sich das Antennenfreileitungskabel in einem ausreichend großen Abstand von vorhandenen Blitzschutzanlagen befindet. Nach der bisherigen Erfahrung genügt ein Abstand > 0,5 m (Bild 5.13 b).

Sendeantennenanlagen

Die Sendeantennenanlage und die zugehörigen Gebäude bzw. Räume der Sender sind mit hochwertigen elektrischen Geräten ausgestattet. Zur Festlegung der SK sollte das zuständige Fernmeldeamt der Deutschen Bundespost Telekom konsultiert werden. Entsprechend der technologischen Grundkonzeption sind vom Anlagenhersteller die Erdungs- und Blitzschutzmaßnahmen festzulegen. Nur er kann beurteilen, wie die Versorgung des Gebietes erfolgen soll und wie die Störbeeinflussung der Antennenzuleitung in zulässigen Grenzen gehalten werden kann.

– *Tragwerk* zum Anbringen von Sendeantennen. Auf dem Sendemast (Bild 5.14 a) ist immer dann eine Fangstange zu montieren, wenn auf dem Kopfteil oder in dessen Bereich Flughindernisleuchten montiert sind. Das gesamte Kopfteil muß sich dabei im Schutzbereich der Fangstange befinden.
GUP-Zylinder, die als Antennenabdeckung dienen, haben außen am Zylinder Halterungen, an denen der Blitzschutzdraht (viermal am Umfang verteilt) zu befestigen ist. Diese Blitzschutzdrähte (Fang- und Ableitungen) sind mit dem Stahltragwerk und mit dem Kopfteil aus Stahl zu verbinden.
Windmeßgeräte sind durch einen Auffangbügel (einfach oder überkreuzt) als isolierte Fangeinrichtung gegen direkte Blitzeinschläge zu schützen (Bild 5.14 b). Die Größe des Bügels legt der zuständige Meteorologe so fest, daß möglichst keine Luftturbulenzen entstehen (Meßwertverfälschung). Die Schelle, an der der Bügel durch Schrauben oder Schweißen befestigt wird, ist mit der Ableitung zu verbinden.
Bei GUP-Zylinderkuppeln ist die Fang- und Ableiteinrichtung wie im Bild 5.14 c zu errichten. Oberhalb der Metallgrenze dürfen keine Fangleitungen angeordnet werden. Um den Zylinder wird ein verzinkter Bandstahl 40 mm x 5 mm verlegt, der durch die Fangstangen an der GUP-Hülle von innen mit Muttern befestigt wird. Am Umfang sind acht Fangstangen aus verzinktem Rundstahl (12 mm Durchmesser, ca. 30 cm lang) und

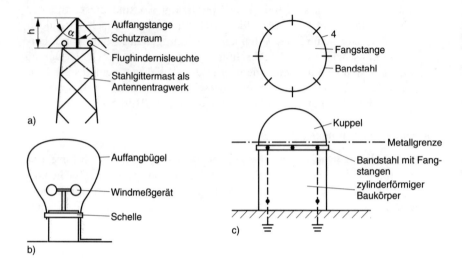

Bild 5.14: Details der Blitzschutzanlage von Sendeantennen
a) Auffangstange auf Kopfteil
b) Auffangbügel für Windmeßgerät
c) Auffangeinrichtung für GUP-Zylinderkuppel

innerhalb des Zylinders unter Nutzung metallener Tragkonstruktionen drei Ableitungen vorzusehen.
- *Selbstschwingende Sendeantennen* stehen meistens auf einem Isolator und sind über Pardunen (Abspannseile) mehrfach abgespannt. Blitzströme werden über Funkenstrecken, die dem Isolator und den Isolatoren der Pardunenabspannung parallelgeschaltet sind, zur Erde abgeleitet. Die Sendeantenne steht auf einem Flächenerder, der aus einer Vielzahl von Strahlen und Ringen gebildet wird. Bei der Errichtung dieser Erdungsanlage darf nicht von den Planungsunterlagen abgewichen werden. So entsprechen sowohl die Legetiefe als auch der Winkel der Strahlen nicht den Forderungen nach [8], weil für die Bemessung ausschließlich sendetechnische Aspekte maßgebend sind. Die Antennenzuleitung ist von einer sogenannten Reusenleitung wie von einem Schirm umgeben. Im Erdreich ist parallel dazu ein Erder verlegt, der die Erdungsanlage der Sendeantenne mit der des Sendegebäudes verbindet. Außerdem wird die Reusenleitung an jeder Reusenstütze mit diesem Erder verbunden.
- *Abgespannte Drahtantennen* werden meistens von Amateuren betrieben. Für den Blitzschutz ist der Betreiber selbst zuständig (Funkenstrecke,

5.2 Spezielle elektrische und technologische Anlagen

Potentialausgleich). Ist auf einem Gebäude eine Blitzschutzanlage vorhanden, der sich eine Abspannung unzulässig nähert (Näherungsgleichung (4.5) anwenden), so muß ein Zusammenschluß vorgenommen werden. Besser ist es jedoch, die Blitzschutzanlage zu verlegen, d.h. den Abstand zu vergrößern.

5.2.6 Krankenhäuser und Kliniken

In Krankenhäusern, Kliniken, Polikliniken, Fach- und Sonderkrankenhäusern, Entbindungsheimen und Altenkrankenheimen können nach DIN VDE 0107 [49] medizinisch genutzte Räume der *Anwendungsgruppen* 0, 1 und 2 vorhanden sein. Die Unterteilung bezieht sich im wesentlichen auf die Art der Behandlung von Patienten mit elektromedizinischen Geräten und bedeutet im einzelnen:

Anwendungsgruppe 0:

Der Patient kommt während einer Untersuchung oder Behandlung nicht mit elektromedizinischen Geräten in Berührung. Das trifft z.B. zu auf Bettenräume, OP-Waschräume sowie Praxisräume der Human- und Dentalmedizin.

Anwendungsgruppe 1:

Der Patient wird mit elektromedizinischen Geräten behandelt und kommt mit diesen in Berührung. Bei einem Körperschluß oder bei Ausfall der Stromversorgung wird die Abschaltung in Kauf genommen. Dazu gehören z.B. Bettenräume, Räume für physikalische Therapie und Hydrotherapie, Massageräume, Praxisräume für Human- und Dentalmedizin, Endoskopie, radiologische Diagnostik und Therapie, Dialyseräume, Entbindungsstationen und chirurgische Ambulanz.

Anwendungsgruppe 2:

Der Patient wird mit elektromedizinischen Geräten bei operativen Eingriffen oder Maßnahmen, die lebenswichtig sind, behandelt. Diese Geräte müssen bei einem ersten Körperschluß oder bei Ausfall der Stromversorgung weiterbetrieben werden, sonst besteht Lebensgefahr für den Patienten. Zu dieser Gruppe gehören z.B. OP-Räume, Räume für Notfall- bzw. Akutdialyse, klinische Entbindungsräume,

Herzkatheterräume (Schwemmkatheter ausgenommen) sowie Intensiv-Untersuchungs- und -Überwachungsräume.

Darüber hinaus besteht eine elektromagnetische Beeinflussung durch Starkstromgeräte, z.B. durch Entladungslampen, Taster, Schalter. Sie ist besonders störend in EEG-, EKG- und EMG-Räumen, Intensiv-Untersuchungs- und -Überwachungsräumen, Herzkatheterräumen und OP-Räumen.

In [49] sind die Grundsätze für die Errichtung einer elektrischen Anlage genannt. Weil die Kenntnis der grundsätzlichen Möglichkeiten für den Blitzschutzfachmann von Bedeutung ist, sollen sie deshalb hier kurz genannt werden.

- Als Netzart für die Stromversorgung von Räumen der Anwendungsgruppe 2 ist das IT-Netz mit Isolationsüberwachung vorgeschrieben (Bild 5.15). Die Verteilung wird direkt vor den Räumen, also außerhalb, angeordnet.

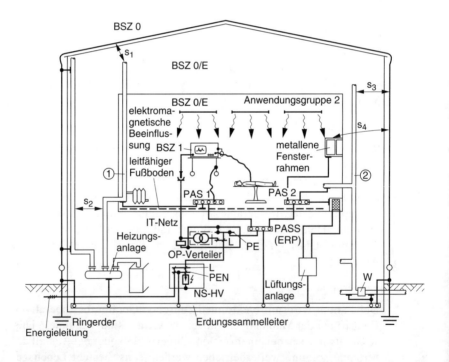

Bild 5.15: Blitzschutz, Potentialausgleich, Stromversorgung und Schirmung in Krankenhäusern
ERP Erdungsbezugspunkt (s. Bild 4.32)

5.2 Spezielle elektrische und technologische Anlagen

– Der zusätzliche Potentialausgleich wird für Räume der Anwendungsgruppen 1 und 2 gefordert. Das Potentialausgleichsnetzwerk in den Räumen kann entweder sternförmig (Bild 4.32 a) oder maschenförmig (Bild 4.32 b) ausgeführt sein. Da der Zusammenschluß mit der Blitzschutzanlage nicht erwünscht ist, muß der Blitzschutzfachmann die Näherungsbedingung und die die Räume senkrecht durchlaufenden metallenen Installationen sowie Energie- und Fernmeldeleitungen beachten (Bild 5.15). Die Potentialausgleichssammelschiene (PASS) wird unmittelbar neben der o.g. Verteilung angeordnet und mit der Schutzleiterschiene verbunden. Die PASS ist gleichzeitig der Erdungsbezugspunkt (ERP) für das Potentialausgleichsnetzwerk. In den Räumen können weitere PAS vorgesehen sein. Zu beachten sind Metallständerwände, z.B. Rocaso-Wände, weil die Metallkonstruktion meistens mit dem Potentialausgleich des Gebäudes, also nicht des Raumes, verbunden ist.
– Die Räume der Anwendungsgruppe 2 können mit einem faradayschen Käfig aus Abschirmgewebe oder Metallfolie ausgekleidet sein. Teilweise ist auch nur ein leitfähiger Fußboden vorhanden. Diese Schirmung ist isoliert von den im Raum befindlichen metallenen Installationen angeordnet und soll nur einmal mit der PAS verbunden sein. Energie- und Fernmeldeleitungen können geschirmt sein, wobei der Schirm nur einmal aufgelegt ist.

Vom Grundsatz ergibt sich für den Blitzschutz die Forderung, daß in Räumen der Anwendungsgruppe 2 (bzw. 1) kein Blitzstrom oder Teilblitzstrom über die metallenen Installationen, Schirme, PA-, PE- und aktiven Leiter, das Potentialausgleichsnetzwerk und metallene Teile von medizinischen Geräten fließen darf. Ebenso sind in Leiterschleifen induzierte Spannungen zu vermeiden.

Die Praxis zeigt, daß heute ein technisch-wirtschaftlich ausgewogenes Blitzschutzkonzept nur unter Einbeziehung des Standes der Technik, der in nationalen und internationalen Fachgremien erarbeitet worden ist, zu erreichen ist. Hierzu gehören Blitzschutz-Management, Blitzschutzzonen-Konzept, Funktions-Potentialausgleich und ggf. teilisolierte Blitzschutzanlagen. Hierbei reichen die in DIN VDE 0185 Teil 2 [8] formulierten Maßnahmen zum Blitzschutz allein nicht mehr aus. Im einzelnen wird in [8] gefordert:

Die Fangleitungen sind mit einer Maschenweite von maximal 10 m x 10 m zu verlegen. Der Abstand der am Umfang angeordneten Ableitungen soll 10 m nicht überschreiten. Ableitungen sollen von metallenen Fenstern einen Abstand von 0,5 m haben. Bei Gebäuden aus einem Stahlskelett oder Stahlbeton sind alle Stützen als Ableitung zu nutzen. Die Bewehrungen von

Fußböden und Decken sind untereinander und mit den Ableitungen zu verbinden.
Der zusätzliche (örtliche) Potentialausgleich in den Räumen der Anwendungsgruppe 2 (1) darf nicht mit der Blitzschutzanlage, auch nicht über Ableiter, verbunden werden. Der Zusammenschluß erfolgt auf Erderniveau (Bild 5.15).
Befinden sich außen am Gebäude Metallteile (auch Metallteile mit Starkstromanlagen, z.B. Jalousien mit Motorantrieb), so sind sie mit Ableitungen zu verbinden; eine Verbindung mit dem örtlichen Potentialausgleich, auch über Überspannungsschutzgeräte, ist nicht zulässig. Für die Behandlung von Fernmeldeleitungen zur Datenübertragung sind die Schirmung und Überspannungsableiter nach [18] [19] anzuwenden.
Trotz dieser Maßnahmen ist eine zufriedenstellende Lösung häufig nicht möglich, weil durch die Anordnung von Räumen der Anwendungsgruppe 2 nicht zu beseitigende Näherungen (s_1, s_3, s_4 im Bild 5.15) entstehen. Des weiteren ist erkennbar, daß es sich letztlich um Einzelmaßnahmen handelt, die nicht ausreichend aufeinander abgestimmt sind. Gerade bei Krankenhäusern mit ihrer hohen Dichte an empfindlichen elektrischen und elektronischen Geräten besteht die Notwendigkeit, ein ausgewogenes Planungskonzept zu erarbeiten, nach dem der Blitzschutzfachmann dann bauen kann. Im folgenden werden einige Hinweise dazu gegeben.

- Krankenhäuser und Kliniken mit Räumen der Anwendungsgruppe 2 sollten in die SK II eingeordnet werden (vertraglich mit Auftraggeber vereinbaren). Die Zuordnung gilt für das gesamte Gebäude.
- Es sind die Blitzschutzzonen gemäß Abschnitt 3.3 festzulegen. Für den Erdungsbereich sind die Teilblitzströme über die Versorgungsleitungen zu ermitteln. Des weiteren sollten alle metallenen Installationen sowie Energie- und Fernmeldeleitungen, die Schnittstellen durchdringen, erfaßt werden. Dies gilt besonders auch für Leitungen, die den Raum der Anwendungsgruppe 2 durchlaufen (z.B. 1 und 2 im Bild 5.15).
- Es können nun Fangeinrichtung, Ableitungen, Erdungsanlage und der Blitzschutz-Potentialausgleich nach Abschnitt 4.1 bis 4.3 und 4.6 konzipiert werden. Bei der Fangeinrichtung und der Ableitung ist zu entscheiden, ob eine isolierte, teilisolierte oder nichtisolierte Ausführung zweckmäßiger ist. Die Schirmung nach Abschnitt 4.5 muß mit den Schirmungen in der Anwendungsgruppe 2 abgestimmt werden (Bild 5.16). In der Ebene, wo die Einzelerdung des Potentialausgleichsnetzwerks (ERP) für die Räume der Anwendungsgruppe 2 beginnt, sollte eine zusätzliche Potentialebene mit den Maßnahmen des Blitzschutz-Potentialausgleichs gebildet werden (Bild 5.16). Diese spannungsreduzierende Maßnahme

5.2 Spezielle elektrische und technologische Anlagen   141

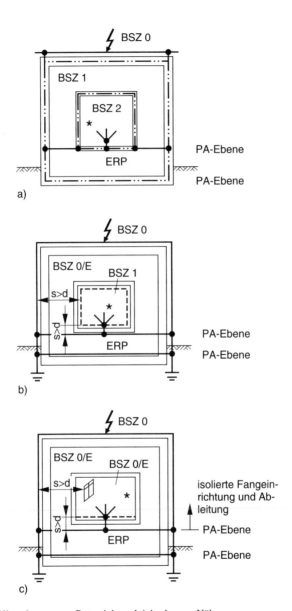

Bild 5.16: Blitzschutzzonen, Potentialausgleichsebenen, Näherungen
a) Bewehrung als Gebäude- und Raumschirm, Näherung bleibt unberücksichtigt
b) Raumschirm isoliert vom Blitzschutz, Näherung beachten
c) keine Schirmung, Näherung beachten
∗ Raum der Anwendungsgruppe 2

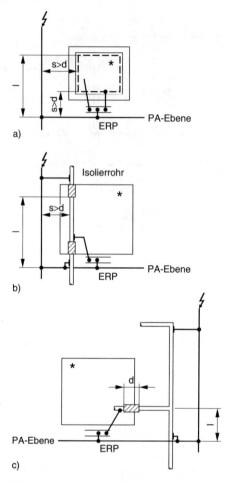

Bild 5.17: Beispiel für Näherungen zum Raumschirm und zu Rohrleitungen
a) isolierter Raumschirm
b) Rohrleitung durch Raum der Anwendungsgruppe 2 (d Isolierrohrlänge)
c) weiterführende Rohrleitung
∗ Raum der Anwendungsgruppe 2

wird für elektronische Anlagen schon seit längerem mit Erfolg angewendet [50].
– Im folgenden können nun die Näherungsstellen behandelt werden. Die Berechnung des Abstandes erfolgt nach (4.5). Da l jetzt von der zusätzlichen Potentialebene an rechnet (Bild 5.17 a), werden die Abstände wesentlich kleiner und eher beherrschbar. In Bild 5.17 b und c sind Beispiele

5.2 Spezielle elektrische und technologische Anlagen 143

für die Behandlung von weiterführenden Rohrleitungen angegeben. Energieleitungen sollten nicht weitergeführt werden, und für Fernmeldeleitungen zur Datenübertragung können Optokoppler eingesetzt werden.

5.2.7 Fernmelde- und Informationsverarbeitungsanlagen

Für den Blitzschutzfachmann ist die ordnungsgemäße Errichtung der Blitzschutzanlage in Gebäuden mit Fernmeldeanlagen und Informationsverarbeitungsanlagen trotz der Hinweise in der DIN VDE 0185 [8] auf die mitgeltenden Normen DIN VDE 0800 [18] und DIN VDE 0845 [19] (s. Bild 1.1) problematisch, weil "ordnungsgemäße Errichtung" bedeutet, daß die Fernmeldeanlage bei Blitzeinwirkungen nicht gestört (Signalverfälschung) oder gar zerstört werden darf. Das gilt auch für Anlagen mit elektronischen Bauelementen.

Die in [8] vorgeschlagenen zusätzlichen Maßnahmen, wie Abstandsverringerung der Fang- und Ableitungen, Gebäude-, Raum-, Geräte- und Leitungsschirmung, Zusammenschluß aller Erdungsanlagen zu einer Flächenerdung und Einbau von Überspannungsschutzeinrichtungen in die Technik, sind im

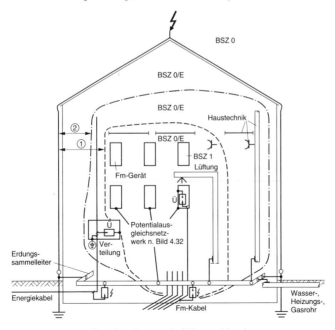

Bild 5.18: Beispiel für das Blitzschutzkonzept bei Fernmeldeanlagen

Grunde Einzelmaßnahmen, mit denen nicht in jedem Fall Schäden zu vermeiden sind. Hinzu kommt, daß es aufgrund der Unkenntnis der Potentialausgleichsnetzgestaltung in der zu schützenden Anlage zu Störeinwirkungen kommen kann. Letztlich müssen der Blitzschutz-Potentialausgleich und die Näherungen zur empfindlichen Anlage berücksichtigt werden. Notwendig sind deshalb ein Blitzschutzzonen-Konzept, die genaue Kenntnis des Potentialausgleichsnetzwerks in der Fernmeldeanlage (s. Bild 4.32) sowie Klarheit über die Zuordnung der Haustechnik (Beleuchtung, Steckdosen, Klima, Heizung, Wasser) zur Fernmeldeanlage und letztlich auch die Zuordnung von direkt in der Anlage installierten Teilen der Haustechnik (Bild 5.18). Wird eine solche Strukturierung der zu schützenden Anlage vorgenommen, so dürfte die Konzipierung der Blitzschutzanlage nach Abschnitt 4 unproblematisch sein. Bei der Aufgabenabgrenzung sollte der Blitzschutzfachmann das Blitzschutz-Management (s. Bild 3.6) berücksichtigen. Dies bedeutet eine enge Zusammenarbeit mit dem Gebäudetechniker und dem Techniker für die Fernmelde- und die Informationsverarbeitungsanlagen.

Im folgenden werden Hinweise zur Konzipierung des Blitzschutzes unter Berücksichtigung des derzeitigen technischen Standes [9] [18] [19] [50] [51] gegeben.

Zur Fernmeldetechnik gehören nach [18]:

- Fernsprech-, Fernschreib- und Bildübertragungsanlagen jeder Art und Größe für leitungsgeführte und Funkübertragung,
- Wechsel- und Gegensprechanlagen,
- Ruf-, Such- und Signalanlagen mit akustischer und optischer Anzeige,
- Lautsprecheranlagen,
- elektrische Zeitdienstanlagen,
- Gefahrenmeldeanlagen für Brand, Einbruch und Überfall,
- andere Gefahrenmeldeanlagen und Sicherungsanlagen,
- Signalanlagen für Bahn- und Straßenverkehr,
- Fernwirkanlagen,
- Übertragungseinrichtungen,
- Rundfunk-, Fernseh-, ton- und bildtechnische Anlagen.

Wegen noch fehlender Normen kann [18] auch für Informations- und Datenverarbeitungsanlagen angewendet werden. Fernmeldeanlagen mit hohem Vernetzungsgrad werden meistens in die SK II eingeordnet (s. Tabellen 3.5 und 3.6); in wenigen Fällen kann aber auch die Einordnung in SK I erforderlich sein, was letztlich der Betreiber entscheiden muß.

5.2 Spezielle elektrische und technologische Anlagen

- In Fernmeldeanlagen können die Potentialausgleichsnetzwerke, z.b. *Funktionserdungs- und Schutzleiter* (FPE), nach Bild 4.32 zur Anwendung kommen. Bei der Sternerdung mit Einfacherdung bzw. der vermaschten Anordnung mit Einfacherdung (Bilder 4.32 a und b) ist ein Zusammenschluß des Potentialausgleichsnetzwerks, z.b. des FPE, mit den Fang- bzw. Ableitungen unzulässig. Damit sind vom Grundsatz her die folgenden Näherungsmöglichkeiten zu unterscheiden (Bild 5.18):
  - Die Haustechnik ist nicht Bestandteil der Fernmeldeanlage. Damit kann diese mit den Blitzableitern zusammengeschlossen werden. Die Näherungsbedingung zu direkt in der Fernmeldeanlage (z.b. im Flächenrost oder im Fernmeldegerät) installierten Teilen der Haustechnik (im Bild 5.18 Beleuchtung, Steckdose, Lüftung) muß eingehalten werden (s. Bild 5.18, ①).
  - Die Haustechnik ist Bestandteil der Fernmeldeanlage. Damit muß die Näherungsbedingung nach Bild 5.18, ② eingehalten werden. Um die Verhältnisse zu verbessern, sollte die Anlagengrenze mit der Gebäude- bzw. Raumschirmung übereinstimmen.

  Im Fall der vermaschten Anordnung mit Mehrfacherdung (Bild 4.32 c) ist ein Zusammenschluß des Potentialausgleichsnetzwerks, z.b. des FPE, mit dem Blitzschutz-Potentialausgleich zulässig. Nach [18] soll die Verbindung in jedem Stockwerk, mindestens aber in Abständen von etwa 10 m sowie am oberen und unteren Ende des Gebäudes mit durchverbundenen senkrechten Metallteilen (z.B. Bewehrung) erfolgen. Die Anschlußstellen sollen zugänglich sein.

- Vorhandene Metallfassaden oder Bewehrungen sollten immer zur Schirmung genutzt werden. Zusammenschlußbedingungen regeln sich wiederum nach der Art des Potentialausgleichsnetzwerks.

- Im Erdungsbereich wird bei Gebäuden mit einer größeren Grundfläche ein *Erdungssammelleiter* (Erdungsringleiter) vorgesehen (Bild 5.19). Mit diesem sollen auf dem kürzesten Weg alle in das Gebäude hinein- und aus ihm herausführenden metallenen Installationen, Kabelmäntel und aktiven Adern verbunden werden. Des weiteren werden an diesen die außerhalb des Gebäudes befindlichen Erdungsanlagen sowie im Gebäude der Schutzleiter, der Funktionserdungsleiter, das Signalbezugspotential, das Potentialausgleichsnetzwerk, der Erdungsleiter, der Blitzstrom- und Überspannungsableiter und alle metallenen Installationen angeschlossen. Diese sogenannte *elektrische Drainage* hat sich in Fernmeldegebäuden seit langem bewährt.

Nach [18] soll als Werkstoff für diese Erdungssammelleitung Kupfer mit einem Querschnitt von mindestens 50 mm^2 verwendet werden. Für die

Fernmeldegebäude der Telekom schreibt die Fernmeldebauordnung FBO 14 [27] NYA-J 1 x 95 mm² Cu vor. In dieser FBO sind auch die Querschnitte für die Erdungsleitungen angegeben (Bild 5.19). Der Erdungssammelleiter soll über Putz in 3 bis 5 cm Abstand von der Wand im oberen Bereich des untersten Geschosses, z.B. Keller, angebracht werden. Mit dem Fundamenterder oder der Bewehrung ist er alle 5 m zu verbinden. Verbindungen innerhalb des Sammelleiters sind durch Löten oder Schweißen oder elektrisch gleichwertige unlösbare Verbindungen herzustellen. Anschlüsse an den Sammelleiter können geklemmt werden.
Es ist zweckmäßig, einen Erdungsplan aufzustellen (Bild 5.19).
Statt einer Erdungssammelleitung kann bei kleinen Fernmeldeanlagen, die örtlich begrenzt sind, eine Schiene oder eine Klemme verwendet werden.

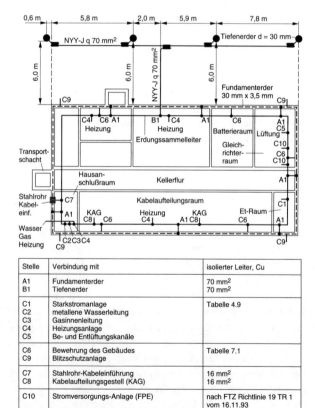

Bild 5.19: Beispiel eines Erdungsplanes

5.3 Anlagen mit besonders gefährdeten Bereichen

5.3.1 Einstufung

Die in Abschnitt 3 angegebene Einstufung in Schutzklassen und Blitzschutzzonen reicht für Objekte mit besonderer Gefährdung nicht aus. Es sind weitere Angaben notwendig, um mit einem vertretbaren ökonomischen Aufwand Blitzschutzmaßnahmen nach [8] oder [9] festlegen zu können. Die Einstufung des Objektes, das Bereitstellen von Daten über die Baukonstruktion und die technologische Anlage sowie Aussagen zur Gefährdung des Objektes sind allein Sache der Spezialplaner bzw. des Auftraggebers (Betreibers).

Im einzelnen sind erforderlich:

– Differenzierte Einstufung der Bereiche in Objekte mit Explosivstoff-, Explosions- oder Staubexplosionsgefährdung bzw. Brandgefährdung. Die einzelnen Gefährdungsbereiche sind in ihrem räumlichen Umfang genau voneinander abzugrenzen. Die Eintragungen haben schriftlich möglichst in Zeichnungen zu erfolgen.
– Genaue Angaben zur technologischen Anlage oder zu den gelagerten Stoffen. Der Blitzschutzfachmann muß erkennen können, ob eine gefahrbringende Rückwirkung von Gefährdungsbereichen in der freien Atmosphäre auf das Objekt besteht. Hierbei sind von Interesse:
  • Art des Austritts aus dem Objekt, Verdünnungsfaktor (Gas-Luft-Gemisch nicht mehr zündbar) und Gefahr der Rückzündung in die technologische Anlage;
  • Verwendung von Flammenrückschlagsicherungen und Sicherheitsventilen, hohe Austrittsdrücke von Gasen bzw. Dämpfen, die ein Rückzünden in die Rohrleitung nicht zulassen;
  • Verhinderung der Rückzündung durch Beimischen von nicht brennbaren Gasen, z.B. Stickstoff;
  • organisatorische Maßnahmen, z.B. Leitung mit brennbarem Gemisch darf nur gespült werden, wenn kein Gewitter ist;
  • Ausblasöffnung oder Ausblaswand in explosivstoffgefährdeten Objekten (s. Bild 5.22);
  • Lagerung der Explosivstoffe unter einer mindestens 1 m dicken Erdaufschüttung.

- Genaue bautechnische Angaben zur Bauhülle um die Gefährdungsbereiche. Bei Bauhüllen aus Metall sind die Blechdicken und die Ausführung der Verbindungen zwischen den Blechen und der Unterkonstruktion zu beachten. Im Fangbereich kann mit Blechdicken nach [9] (s. Tabelle 3.1) ein Ausschmelzen vermieden werden.
- Sind zusätzliche Baukonstruktionen (z.b. Unterdecken, Trennwände) zur Trennung von der Bauhülle vorgesehen, so können folgende Angaben notwendig sein:
  - Das verwendete Material muß das Eindringen brennender oder glühender Teile, z.b. geschmolzener Blechteile, sicher verhindern.
  - Bei Explosionsgefährdung muß diese Baukonstruktion das Austreten explosiver Gemische aus dem Gefährdungsbereich verhindern.

Ausgehend von diesen Angaben läßt sich die Abgrenzung der Gefährdungsbereiche vornehmen. Hierzu kann die Tabelle 5.3 und als Beispiel Bild 5.20 verwendet werden.

Tabelle 5.3: Beispiele für Bauwerksklassifikation von besonders gefährdeten Bereichen

Schutz klasse	Bauwerks- klassifikation	Bauwerksart	Beschreibung der Gefährdung
I	umweltgefährdende Bauwerke	Chemiewerke (Zone 0, 10)	ständig oder langzeitig, häufig
		Explosivstoffwerke	
II	umgebungsgefähr- dende Bauwerke	Raffinerien, Tankstellen (Zone 1, 11)	gelegentlich, durch Aufwirbeln
		Werke für Feuerwerkskörper, Munitionsfabriken	[1]
III	übliche Bauwerke	bauliche Anlagen der Zone 2	selten, kurzzeitig
		Munitionslager mit ungefährlicher Munition	[2]

[1] Kann in Massen explodieren.

[2] Explodiert bei einer Entzündung nicht in der Masse.

5.3 Anlagen mit besonders gefährdeten Bereichen 149

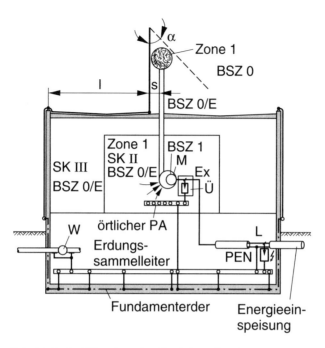

Bild 5.20: Beispiel für den Blitzschutz einer Ex-Anlage, Zone 1
M   Motor

Nach Ex-RL [52] sollen Anlagen in Bereichen der Zonen 0, 1, 10 und 11 Blitzschutz erhalten. Eine Graduierung der feuergefährdeten Bereiche ist nicht vorgesehen.

5.3.2 Feuergefährdete Bereiche

Errichtungsgrundsätze

Die Fang- und Ableitungen sollen außerhalb des feuergefährdeten Bereiches sichtbar verlegt werden. Sind im Gebäude Stahlkonstruktionen, wie Stahlbinder oder -stützen, vorhanden, so sind sie als Ableitungen zu nutzen. In Stahlbetonbauten kann die Bewehrung als Ableitung und Fundamenterder verwendet werden.
Problematisch sind Dachdeckungen aus Wellfaserzementplatten oder Blechen mit isolierender Schicht (Polyethylenfolie) auf Stahlbindern, die mit

Haken oder Schrauben an den Stahlpfetten befestigt sind. Hier ist die Fangeinrichtung wegen der möglichen Funkenbildung nur zulässig, wenn

- die Haken bzw. Schrauben an den Stahlpfetten angeschweißt sind oder
- der feuergefährdete Bereich durch eine Baukonstruktion von dieser Dachdeckung getrennt wird.

Können diese Forderungen nicht erfüllt werden, so ist eine Fangeinrichtung vorzusehen, die in Abständen von 10 m mit den Stahlbindern zu verbinden ist. Gegebenfalls sollte das Blitzkugelverfahren zu Hilfe genommen werden, um Einschläge in die Dachfläche zu vermeiden.

Näherungen, besonders zwischen Heuaufzügen, Gebläseleitungen und ähnlichen Fördereinrichtungen und Fangeinrichtung bzw. Ableitung, sind zu vermeiden. Der Abstand ist mit der Näherungsgleichung (4.5) zu ermitteln, wobei feuergefährdete Bereiche üblicherweise in die SK III eingruppiert werden. Auch zu elektrischen Anlagen sollte ein ausreichend großer Abstand eingehalten werden. In [8] wird die Vergrößerung des Abstandes auf mindesten 1 m, z.B. mittels isolierter Stützen wie bei Weichdächern, empfohlen. Sind die Näherungen durch Abstandsvergrößerung nicht zu beseitigen, so muß ein lückenloser Zusammenschluß hergestellt werden. Alle Schraubverbindungen sind gegen Lockern zu sichern, z.B. mit Zahnscheiben in nichtrostender Ausführung. Offene Lager mit Dach, z.B. Feldscheunen, sind wie im Bild 4.18 zu behandeln.

Gebäude mit weicher Bedachung

Besteht die Dacheindeckung aus Reet, Stroh oder Schilf, so sind Fangleitungen auf isolierten Stützen (z.B. Holzpfählen) gespannt zu verlegen. Dabei sind folgende Abstände einzuhalten (gilt für neuwertige Dächer):

- zwischen Leitung und First 0,6 m,
- zwischen Leitung und Dachhaut 0,4 m,
- zwischen Traufenstütze und Weichdachtraufe 0,15 m.

Die Spannweite soll bei der Firstleitung 15 m und bei Ableitungen 10 m nicht überschreiten, und die Spannpfähle müssen mit der Dachkonstruktion mittels Durchgangsbolzen fest verbunden sein. Statt Fangleitungen können neben dem Gebäude Fangstangen aufgestellt werden. Deren Schutzbereich ist gemäß Abschnitt 4.1 zu ermitteln. Fangstangen neben dem Gebäude sind auch vorgeschrieben, wenn sich auf dem Weichdach metallene Drahtnetze (Schutz gegen Wild), Berieselungsanlagen, Entlüftungsrohre, Schornsteineinfassungen, Dachfenster, Oberlichter und dergleichen aus Metall befinden. Im Grun-

5.3 Anlagen mit besonders gefährdeten Bereichen 151

de müßten alle diese metallenen Teile den gleichen Abstand zum Weichdach wie die Fangleitung haben. Durchführungen von Metallteilen durch das Weichdach müssen im Dach sowie 0,6 m ober- und unterhalb des Daches aus nichtleitendem Material bestehen. Da alle die genannten Forderungen in der Praxis häufig nicht erfüllt sind, kann nur mit der isolierten Blitzschutzanlage neben dem Gebäude ein wirksamer Schutz erreicht werden.
Antennen und elektrische Anlagen (z.b. Elektrosirenen) sind auf Weichdächern nicht zulässig; unter Dach ist die Näherung nach (4.5) einzuhalten.
Zweige von Bäumen sind mindestens in 2 m Abstand vom Weichdach zu halten. Bei Unterschreitung muß an dem dem Baum zugewandten Dachrand eine Fangleitung verlegt werden.
Metalldächer dürfen nur mit einem isolierenden Zwischendach von 1 m Breite an ein Weichdach grenzen.

Windmühlen

Bei der nach [8] zu bauenden äußeren Blitzschutzanlage erfolgt die Einleitung des Blitzstromes in die Windmühle. Aus der Erfahrung mit Kirchen u.ä. Bauwerken (s. Abschnitt 5.1) sollte aber eine Lösung mit außenliegenden Fang- und Ableitungen angestrebt werden. Zu beachten sind Näherungen besonders zu elektrischen Anlagen in der Mühle. Abstandsvergrößerung ist auch hierbei empfehlenswerter als Zusammenschluß.

5.3.3 Explosionsgefährdete Bereiche

Errichtungsgrundsätze

Die Blitzschutzanlage ist so zu errichten, daß in dem gefährdeten Bereich Zone 0, 1, 2 (brennbare Gase, Dämpfe, Nebel) bzw. Zone 10, 11 (brennbare Stäube) möglichst keine Schmelz-, Sprüh- oder Funkenwirkungen entstehen können. Die Einwirkung des elektromagnetischen Blitzfeldes auf die elektrische Anlage, insbesondere auf eigensichere Stromkreise, Fernmelde- und MSR-Anlagen, muß vermieden werden. Vernünftige Lösungen sind nur mit einem abgestimmten Blitzschutzkonzept unter besonderer Berücksichtigung des Blitzschutz-Potentialausgleichs und der Schirmung zu erzielen. Eine Planung auf der Grundlage der Blitzschutzklassen und des Blitzschutzzonen-Konzepts (s. Abschnitt 3.3) ist zweckmäßig. Der Blitzschutzfachmann sollte die Errichtung der Blitzschutzanlage nur beginnen, wenn alle Planungsunterlagen vorliegen.

Im einzelnen ist auf folgendes zu achten:

- *Ausblasöffnungen*, bei denen eine gefährliche Rückwirkung auf das Objekt möglich ist, sind durch Fangstangen zu schützen. Der Abstand *s* nach (4.5) ist einzuhalten (s. Bild 5.20), wobei die Fangstange durch den gefährdeten Bereich geführt werden darf. Die Länge muß aber so bemessen sein (Winkel entsprechend SK nach Tabelle 4.1 auswählen), daß der Einschlagpunkt an der Spitze der Fangstange außerhalb des gefährdeten Bereichs und der gefährdete Bereich im Schutzraum der Fangstange liegt (Bild 5.21). Die Begrenzungen des gefährdeten Bereichs müssen vom Betreiber angegeben werden.

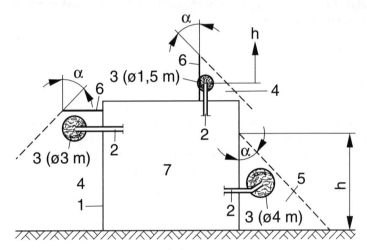

Bild 5.21: Beispiel für die Anordnung von Fangstangen bei Ausblasöffnungen mit Explosionsgefährdung
1 Stahlkonstruktion einer technologischen Freianlage; 2 Entlüftungsleitung; 3 gefährdeter Bereich mit Begrenzungsangaben; 4 Schutzraum einer Fangstange; 5 Schutzraum einer Stahlkonstruktion; 6 Fangstange; 7 Zone 2
h und α nach Tabelle 4.1

- Wird bei einer metallenen Ausblasöffnung durch technische Maßnahmen, z.B. Flammenrückschlagsicherung, eine Rückwirkung auf das Objekt ausgeschlossen, so kann diese Ausblasöffnung ohne zusätzliche Maßnahmen mit der Fangleitung verbunden werden. Bei nichtmetallenen Ausblasöffnungen ist eine Fangstange zu setzen.
- In den gefährdeten Bereichen sind Verbindungsstellen auf die unbedingt notwendige Anzahl zu beschränken. Schraubverbindungen sind mit Federringen oder außenverzahnten Zahnscheiben gegen Lockern zu sichern.

5.3 Anlagen mit besonders gefährdeten Bereichen

- Um Funkenbildung bei Anschlüssen an Rohrleitungen, Behältern oder Tanks zu vermeiden, sollten angeschweißte Fahnen oder Bolzen oder Gewindebohrungen in den Flanschen vorgesehen werden.
- Rohrverbindungen sind zu überbrücken, wenn sie nicht den folgenden Forderungen genügen:

  • geschraubte Muffenverbindung oder
  • geflanschte Rohrverbindung mit Vorschweißflansch.

- Isolierstücke in Rohrleitungen können mit explosionsgeschützten Trennfunkenstrecken überbrückt werden (s. Tabelle 4.10). Es ist zweckmäßig, dies mit dem Betreiber abzustimmen, der gemäß AFK-Empfehlung Nr. 5[1] die Schutzmaßnahme festlegt.

Gebäude

Die Fanganlage ist nach [8] oder [9] zu bauen. Wird DIN VDE 0185 Teil 2 [8] zugrunde gelegt, so gelten folgende Errichtungsgrundsätze:

Zone 2:	nach DIN VDE 0185 Teil 1 ohne Ergänzungen
Zonen 0, 1, 10, 11:	Maschenweite: 10 m x 10 m
Fangstange:	$\alpha = 45°$ bei $H \leq 10$ m
	$\alpha = 30°$ bei 10 m $< H <$ 20 m
Ableitungen:	je 10 m Umfang der Dachaußenkante eine Ableitung, mindestens vier Ableitungen.

Näherungen zwischen der Fangeinrichtung bzw. Ableitung und metallenen Installationen bzw. elektrischen Anlagen und Leitungen sind möglichst durch Abstandsvergrößerung zu beseitigen. Die Berechnung des Abstandes erfolgt nach (4.5), wobei die SK der Tabelle 5.2 entnommen werden kann. Ist eine Abstandsvergrößerung nicht möglich, so muß der Zusammenschluß erfolgen. Wenn die Blitzstrom- bzw. Überspannungsableiter nicht außerhalb der gefährdeten Bereiche angeordnet werden können, müssen sie den in diesem Bereich geltenden Bedingungen (z.B. exgeschützt) entsprechen.
Soll die Anlage nach [9] gebaut werden, so ist von der entsprechenden SK auszugehen (Tabelle 5.2). Die Fanganlage ist zweckmäßigerweise mit der Blitzkugelmethode festzulegen.

---

1) AFK-Empfehlung Nr. 5, Kathodischer Korrosionsschutz in explosionsgefährdeten Bereichen. Wirtschafts- und Verlagsgesellschaft Gas und Wasser mbH, PSF 140151, 53056 Bonn

Anlagen im Freien

Bei Anlagen aus Metall, z.B. Tanks, Schwimmdachtanks, Kolonnen, Behältern, Reaktoren, Bohrtürmen, Füllstationen, sind keine Fangeinrichtungen und Ableitungen notwendig. Die Metalldicke sollte den Forderungen nach [9] (s. Tabelle 3.1) genügen, wobei für Behälter aus Stahl, in deren Innern sich die Zone 0 befindet, nach [8] eine Metalldicke von 5 mm gefordert wird. Für die Verbindung mit der Erdungsanlage gelten nach [8] folgende Vorschriften:

Kolonnen, Behälter, Reaktoren u.ä.:   mittlerer Abstand 30 m
einzelne Tanks, Behälter: bis 20 m Umfang einmal,
über 20 m Umfang zweimal

Tanks in Tankfarmen: jeder Tank einmal
Die Tanks müssen miteinander
verbunden sein, z.B. über
Rohrleitungen.

oberirdische Rohrleitungen außerhalb von Fabrikationsanlagen:
mittlerer Abstand 30 m,
mit einer Erdungsanlage
oder mit einem Oberflächenerder
von > 6 m oder einem
Staberder von > 3 m Länge
verbinden.

Die Erdungsanlage wird nach Abschnitt 4.4 ausgeführt. Fundamenterder sind vorzuziehen.

Beim Blitzschutz-Potentialausgleich ist besonders auf die elektrischen Leitungen (Energie- und Steuerleitungen) und Rohrleitungen an der Schnittstelle BSZ 0 → BSZ 0/E bzw. BSZ 1 zu achten. Diese Leitungen kommen häufig von entfernten Meßwarten bzw. Abfüllstationen. Elektrische Leitungen können in Schirmen verlegt werden, z.B. in Kabeln mit Metallmantel oder in Schirmrohren. Schirmrohre müssen elektrisch leitend durchverbunden sein, müssen aber Schlitze oder ähnliche Öffnungen haben, damit das Ansammeln von explosiven Gasen verhindert wird. Die Schirme müssen blitzstromtragfähig sein und mit der Wand des Behälters oder Tanks leitend verbunden werden. Werden elektrische Leitungen in das Innere von Behältern oder Tanks eingeführt, so ist ein metallener Klemmenkasten für die Aufnahme der Blitzstrom- bzw. Überspannungsableiter notwendig. Der Klemmenkasten sollte unmittelbar an der Einführstelle (maximal 300 mm von dieser entfernt) montiert und mit gesicherten Schrauben mit dem Behälter elektrisch leitend verbunden werden. Die Leitungseinführung muß sich immer im einschlagge-

5.3 Anlagen mit besonders gefährdeten Bereichen

schützten Bereich (BSZ 0/E) befinden. Die im Klemmenkasten befindlichen Blitzstrom- bzw. Überspannungsableiter müssen den in diesem Bereich geltenden Bedingungen (z.b. exgeschützt) entsprechen.
Für spezielle Anlagen gelten die folgenden Hinweise:
Bei *Schwimmdachtanks* ist das Schwimmdach über die bewegliche Treppe mit der oberen Tankwand mittels flexibler Leitungen zu verbinden. Da zwischen Dachrand und Tankwand (Gleitzone) immer mit einem zündbaren Gas-Luft-Gemisch zu rechnen ist, sind Löschleitungen an der oberen Tankwand zu verlegen. Auf die Aufstellung von Fangstangen wird in der Praxis verzichtet, da trotz Ableitung des Blitzstromes über die Fangstange zur Tankwand mit Überschlägen zum Schwimmdach zu rechnen ist.
Bei *Bohrtürmen* ist immer ein Ringerder nach Abschnitt 4.4 vorzusehen. Die Verbindung muß über mindestens zwei Erdleitungen (gegenüberliegend) erfolgen.
Bei *Füllstationen* für Tankwagen, Schiffe u.ä. sind die metallenen Rohrleitungen zu erden (nach Abschnitt 4.4). Dafür sind vorhandene Stahlkonstruktionen oder Gleise (Genehmigung einholen, s. Tabelle 4.4) zu nutzen.

5.3.4 Explosivstoffgefährdete Bereiche

Jedes Objekt mit explosivstoffgefährdeten Bereichen erhält nach [8] grundsätzlich zwei äußere Blitzschutzanlagen, bestehend aus
– einer vom Gebäude isolierten Blitzschutzanlage und

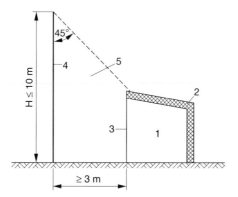

Bild 5.22: Schutz der Ausblasseite bei einem Gebäude mit Explosivstoffgefährdung
1 explosivstoffgefährdeter Bereich; 2 Stahlbetonkonstruktion; 3 Ausblasseite;
4 Fangstange ($H \leq 10$ m, $\alpha = 45°$ nach [8]); 5 Schutzraum

– einer Gebäudeblitzschutzanlage.

Dabei kann nach [8] die Blitzschutzanlage mit Genehmigung der zuständigen Aufsichtsstelle (Gewerbeaufsicht, Berufsgenossenschaft) vereinfacht werden. Ein solches Beispiel zeigt Bild 5.22. Das Gebäude ist vollständig aus Metall oder Stahlbeton nach den für explosivstoffgefährdete Bereiche geltenden Festlegungen ausgeführt. Auf der Ausblasseite (Druckentlastungsöffnungen oder Pendelwände) werden Fangstangen so aufgestellt, daß sich die Ausblasseite vollständig im Schutzbereich befindet.

Bei Gebäuden mit völliger Erdüberdeckung (mindestens 0,5 m hoch) ist nach [8] lediglich eine Gebäudeblitzschutzanlage notwendig.

Die Planung und Ausführung von Blitzschutzanlagen für

- erdeingedeckte Munitionslagerhäuser,
- Munitionslagerhäuser in leichter Bauart mit Schutzwall,
- Munitionsstapelplätze mit Belegungsdauer von mehr als einem Jahr,
- Munitionsstapelplätze mit einer voraussichtlichen Belegungsdauer bis zu einem Jahr

ist in der zentralen Dienstvorschrift des Bundesministers der Verteidigung ZDv 34/220 (03.81) geregelt.

In den letzten Jahren wurden die Verteidigungsgerätenormen VG 969.. "Schutz gegen Nuklear-Elektromagnetischen Impuls (NEMP) und Blitzschutz" veröffentlicht, nach denen die Blitzschutzanlagen zu planen und errichten sind. Grundlage für die Bemessung sind die gleichen Blitzbedrohungsparameter, wie sie für die Blitzschutzklassen angewendet werden (s. Tabelle 3.13). Damit wäre die Anwendung von [9] möglich (vertraglich vereinbaren).

6 Prüfung und Wartung von Blitzschutzanlagen

6.1 Grundforderungen

Blitzschutzanlagen sollen nach dem Errichten und dann in regelmäßigen Abständen geprüft werden. Bei größeren Blitzschutzanlagen sollte eine Vorprüfung der technischen Unterlagen vorgenommen werden. Darüber hinaus empfiehlt es sich, baubegleitende Prüfungen durchzuführen, wenn Teile der Blitzschutzanlage später nicht mehr zugänglich sind.
Die Prüfungen müssen durch einen Blitzschutz- oder EMV-Fachmann vorgenommen werden, der mit allen Bestimmungen und Regeln der Technik, die für Blitzschutzanlagen von Bedeutung sind (insbesondere DIN VDE, DIN, VOB), vertraut ist und Kenntnisse über Bau, Prüfung und Instandhaltung von Blitzschutzanlagen hat.
Für Wiederholungsprüfungen sind in DIN VDE 0185 keine verbindlichen Fristen genannt. Da die Funktionsfähigkeit einer Blitzschutzanlage jedoch durch Unwetter, Dachreparaturen, Anbauten, Umbauten, Betriebsumstellungen, Erdarbeiten usw. erheblich beeinträchtigt werden kann, sollte auf eine regelmäßige Prüfung nicht verzichtet werden.

Tabelle 6.1: Empfohlene Prüffristen für Wiederholungsprüfungen

Prüffrist	durch Blitzschutzanlage zu schützende bauliche Anlagen oder Gefährdungsbereich
jedes Jahr	explosivstoffgefährdete Bereiche Personenseilbahnen Kernkraftwerke
alle 3 Jahre	explosions- und feuergefährdete Bereiche Theater, Lichtspieltheater, Kirchen, Flughäfen, Sportanlagen, Kaufhäuser, Mehrzweckhallen, Krankenhäuser, Haftanstalten, Schulen, Geschäftshäuser Schlösser, Burgen, Museen, Archive, Bibliotheken
alle 5 Jahre	Anlagen von Industrie und Gewerbe, freistehende Schornsteine, Fernmeldetürme, Aussichtstürme u.ä., Verwaltungsgebäude, Lagerhäuser, Landwirtschaftsbetriebe, Schiffahrtsabfertigungen, Hochhäuser, Windmühlen, Wohn- und Wirtschaftsgebäude, Burgruinen (zugängliche)

Hauptberufliche Prüfungssachverständige sowie die Mitglieder des Verbandes Deutscher Blitzschutzfirmen e.V. (VDB) empfehlen die Prüffristen nach Tabelle 6.1, sofern keine anderweitigen Verordnungen, Richtlinien usw. des Eigentümers/Betreibers (Bauaufsichtsbehörden, Gewerbeaufsichtsämter, Berufsgenossenschaften, Bergämter, Bundeswehr, Deutsche Bundespost Telekom, Deutsche Bahnen AG) zu beachten sind.
In den Zeiten zwischen den Prüfungen sollten alle ein oder zwei Jahre Zwischenbesichtigungen vorgenommen werden, damit die ständige Wirksamkeit der Blitzschutzanlage sichergestellt ist.
In DIN VDE 0185 Teil 102 [28] werden Prüfungen zu den folgenden Zeitpunkten gefordert. Sie sind besonders wichtig bei der Anwendung des Blitzschutzzonen-Konzeptes (Abschnitt 3.3):

- bei Neubau von Blitzschutzanlagen,

  - während der Errichtung, speziell während der Installation von Bauteilen, die später nicht mehr zugänglich sind,
  - nach Beendigung der Errichtung,

- bei Änderungen oder Reparaturen an einem geschützten Gebäude,
- nach jeder bekannten Blitzentladung an der Blitzschutzanlage
- bei der regelmäßigen Prüfung der elektrischen Versorgungsinstallation des Gebäudes,
- jährlich mindestens eine Sichtprüfung, in Bereichen mit starken Wetteränderungen jedoch häufiger.

Tabelle 6.2: Prüffristen für Wiederholungsprüfungen nach DIN VDE Teil 102

Bauwerks-klassifikation	Schutzklasse	Prüffrist	
		kritische Systeme	Gesamtanlage
umweltgefährdende Bauwerke	I	--	1 Jahr
umgebungsgefährdende Bauwerke	II	1 Jahr	3 Jahre
begrenzt gefährdete Bauwerke	II	1 Jahr	3 Jahre
übliche Bauwerke	III	3 Jahre	5 Jahre
	IV	--	5 Jahre

Bei Wiederholungsprüfungen wird zwischen der Prüfung der Gesamtanlage und kritischer Systeme der Blitzschutzanlage unterschieden (Tabelle 6.2). Kritische Systeme sind z.b. Teile der Blitzschutzanlage mit starker mechanischer Beanspruchung, Blitzstrom- und Überspannungsableiter, Potentialausgleich von Kabeln und Rohrleitungen.
Die Prüffristen werden bestimmt von:
- der Klassifizierung des zu schützenden Gebäudes oder Bereichs, speziell hinsichtlich der Schadensfolgewirkungen,
- der Schutzklasse,
- der örtlichen Umgebung (in korrosiver Atmosphäre sind z.b. Prüfungen in kürzeren Zeitabständen erforderlich),
- den Werkstoffen der einzelnen Blitzschutzbauteile,
- der Art der Oberfläche, an der die Blitzschutzbauteile befestigt sind,
- dem Zustand des Erdbodens und der Korrosionsgeschwindigkeit.

Die Verfahrensweise bei einer Überprüfung von Blitzschutzanlagen ist in DIN VDE 0185 Teil 1, Abschnitt 7, festgelegt. Danach unterscheiden sich die Prüfung von Neuanlagen nach Fertigstellung und bestehender Anlagen nur unwesentlich voneinander. Die Prüfung umfaßt die Sichtprüfung, die mechanische und die elektrische Prüfung.
Der AK Prüfungen im ABB hat bei der Prüfung von Blitzschutzanlagen Vorgehensweisen vorgeschlagen (basierend auf DIN VDE 0185 Teil 1 und Teil 100 [8] [9]), die in den folgenden Abschnitten beschrieben werden.

6.2 Prüfung von Neuanlagen

6.2.1 Vorprüfung

Anhand der Planungsunterlagen (Zeichnung nach DIN 48 820, Beschreibung nach DIN 48 830, Gebäudezeichnungen) und der Schutzkonzeption ist festzustellen, ob folgende Gesichtspunkte berücksichtigt sind:

- Standortbedingungen (Lage im Gebäude und zu anderen Gebäuden),
- Nutzung der baulichen Anlage,
- Bauart der baulichen Anlage (z.B. Stahlskelettbau, Stahlbetonbau, Dachform und Art der Dacheindeckung, Fassadenverkleidung),
- Eignung von Gebäudeteilen als natürliche Bestandteile der Blitzschutzanlage (z.B. Metalldach, metallene Außenwände, Stahlkonstruktionen usw.),

- mögliche Korrosionsgefahren (z.b. durch Verwendung von Kupfer am Gebäude),
- technische Gebäudeausrüstung (Elektro-, EDV-, Fernmelde-, Brandmelde-, RLT- und Heizungsanlagen hinsichtlich Einbeziehung in den Blitzschutz-Potentialausgleich),
- Einbeziehung von Bauwerksteilen (z.b. von Bauelementen für Schirmungsmaßnahmen),
- Anordnung der Fangeinrichtungen und Ableitungen unter Berücksichtigung der Schutzklassen (Blitzkugelverfahren, Schutzwinkel, Maschenweite),
- Näherungen, soweit im Planungsstadium erkennbar,
- Blitzschutz-Potentialausgleich (bei Gebäuden über 20 m Höhe auch in weiteren Ebenen).

Bei kleinen Blitzschutzanlagen kann die Vorprüfung entfallen.

6.2.2 Baubegleitende Prüfung

Bei umfangreichen Blitzschutzanlagen, insbesondere bei der Herstellung von Fundamenterdern, Mitbenutzung von Teilen der baulichen Anlage als "natürliche" Bestandteile der Blitzschutzanlage (Stahlstützen oder Stahlbetonbewehrungen) oder verdeckt verlegten Leitungen (z.b. Ableitungen in Wänden, in Zwischendecken, in Betonstützen, unter Putz), muß durch Besichtigen, ggf. auch durch Messen festgestellt werden, ob

- die Leitungen und Bauteile hinsichtlich der Dimensionierung und des Korrosionsschutzes den einschlägigen Normen entsprechen,
- die Leitungen dem Schutzkonzept entsprechend eingebaut sind,
- alle notwendigen Verbindungen und Anschlüsse fachgerecht ausgeführt sind (Nachweis der Kontaktsicherheit ggf. durch Messung).

6.2.3 Prüfung nach Fertigstellung der Blitzschutzanlage

Nach Fertigstellung der Blitzschutzanlage ist eine "Abnahmeprüfung" durchzuführen. Durch Besichtigen und Messen ist festzustellen, ob die Blitzschutzanlage den Errichtungsbestimmungen entspricht.
Gemäß VOB, Teil C, DIN 18 384 [16] hat der Errichter der Blitzschutzanlage diese Prüfung durchzuführen oder – falls ihm die dazu notwendigen Meßgeräte fehlen und er nicht die entsprechenden Fachkenntnisse besitzt – auf seine

6.2 *Prüfung von Neuanlagen* 161

Kosten durchführen zu lassen. Das Verlangen einiger Auftraggeber, zusätzliche Prüfungen auf Kosten der Auftragnehmer durch Dritte durchführen bzw. deren Kosten ins Angebot einrechnen zu lassen, entspricht nicht dem Sinn der VOB. Wird eine zusätzliche Prüfung gewünscht, so kann sie schon wegen fehlender Kalkulationsmöglichkeiten nur zu Lasten des Auftraggebers gehen.

Sichtprüfung

Sie umfaßt:

- Prüfung der Planungs- und Bestandsunterlagen auf Vollständigkeit, fachtechnische Richtigkeit und Übereinstimmung mit der Ausführung der Blitzschutzanlage (Bestandsplan nach DIN 48 820, Beschreibung nach DIN 48 830);
- Prüfung der Schutzkonzeption im Hinblick auf die Bau- und Nutzungsart des Gebäudes, die technische Gebäudeausrüstung, die Standortbedingungen unter Berücksichtigung aller mitgeltenden Normen;
- Prüfung der fachtechnischen Richtigkeit und der handwerklichen Ausführung der Blitzschutzanlage im Hinblick auf die Einhaltung der Errichtungsbestimmungen und der Bauteilnormen (Korrosionsschutz, Kontaktsicherheit, Art und Abstand der Befestigungsbauteile, Berücksichtigung von Temperatureinflüssen, Schutz bevorzugter Blitzeinschlagstellen, Leitungsquerschnitte);
- Kontrolle der Fangeinrichtungen und Ableitungen hinsichtlich

  - Anordnung der Leitungen und Fangeinrichtungen (Dimensionierung, Leitungsabstände),
  - Schutz bevorzugter Einschlagstellen,
  - Einbeziehen von Metallteilen;

- Kontrolle der Erdungsanlage hinsichtlich

  - Erdeinführungen, Anschlußfahnen und Verbindungsleitungen zwischen Erder und Ableitungen (auch Meßstelle und PA-Anschluß),
  - Zugänglichkeit, Bedienbarkeit und richtige Anordnung der Meßstellen,
  - Einhaltung der Verlegungstiefe des Blitzschutzerders (Probegrabungen);

- Prüfen des Blitzschutz-Potentialausgleichs mit metallenen Installationen auf Einbeziehen von metallenen Installationen der Blitzschutzanlage im Kellergeschoß oder in der Höhe der Gebäudeoberfläche sowie bei Gebäu-

den über 20 m Höhe in den jeweiligen Potentialausgleichsebenen in Abständen von 20 m;
- Prüfen des Blitzschutz-Potentialausgleichs mit elektrischen Anlagen auf
  - Einbeziehen aller aktiven elektrischen Leiter in den Blitzschutz-Potentialausgleich mit Blitzstromableitern an der Eintrittsstelle in die bauliche Anlage,
  - Einbau von Überspannungsableitern,
  - Anschluß der Ableiter an den Potentialausgleich,
  - Einsatz von Funkenstrecken;
- Kontrolle der Näherungen von Blitzschutzleitungen zu metallenen Installationen

Der AK "Prüfungen" stellt dazu fest: "Die Beachtung und Prüfung aller Näherungsstellen einer baulichen Anlage ist im Rahmen einer Blitzschutzprüfung nicht durchführbar, inbesondere nicht bei ausgedehnten baulichen Anlagen. Der Innenausbau ermöglicht in den meisten Fällen keine Kontrolle bzw. Möglichkeit zur Ermittlung eventuell vorhandener Näherungen. Auf offensichtliche Näherungen, insbesondere zu datentechnischen Leitungssystemen und Brandmeldeanlagen, ist hinzuweisen."

- Überprüfung von Leitungsmaterial und Bauteilen
  - Entspricht das Leitungsmaterial den Mindestabmessungen nach DIN 48 801 ff.?
  - Ist genormtes oder gleichwertiges Material verwendet worden?
  - Sind die Bauteile fachgerecht entsprechend ihrem Verwendungszweck montiert?
  - Sind die Montagemaße nach DIN 48 803 eingehalten?
  - Sind die Werkstoffe hinsichtlich des Korrosionsschutzes richtig ausgewählt?
  - Sind die Erdeintrittsstellen der Erdeinführungen gegen Korrosion geschützt?
  - Ist ein Schutzanstrich auf oberirdischen Stahlleitungen vorhanden?
- Erstellung einer Prüfdokumentation.

Über die Prüfung der Blitzschutzanlage ist ein Bericht nach DIN 48 831 auszufertigen und zusammen mit der Anlagenbeschreibung nach DIN 48 831 und der Bestandszeichnung nach DIN 48 820 dem Auftraggeber auszuhändigen. Mit der Übergabe der Unterlagen bestätigt der Prüfer die Funktionsfähigkeit der Blitzschutzanlage. Sind von ihm Mängel festgestellt worden, d.h. ist die Blitzschutzanlage nur teilweise oder gar nicht funktionstüchtig, so müssen diese im Prüfungsbericht genau aufgelistet werden. Die Mängel sind umgehend zu beseitigen.

Elektrische Prüfung

Es sind der *Ausbreitungswiderstand* und/oder der *spezifische Erdungswiderstand* zu messen. Der spezifische Erdungswiderstand muß bei der Schutzklasse I (s. Bild 4.21) sowie in Gegenden mit erfahrungsgemäß extremen jahreszeitlichen Änderungen von Temperatur und Niederschlägen gemessen werden.
Die Messung des Ausbreitungswiderstandes erscheint, oberflächlich betrachtet, unnötig, weil nur eine bestimmte Erderabmessung gefordert ist. Mit der Messung wird jedoch der Nachweis erbracht, daß tatsächlich die geforderten Erder eingebracht wurden. Außerdem können durch Vergleich mit Meßwerten bei späteren Wiederholungsprüfungen Rückschlüsse auf eingetretene Schäden durch Baumaßnahmen, Korrosion u.ä. gezogen werden.
Für die Erdungsmessung an Einzelerdern oder kleineren Erdungsanlagen ist die *Sondenmessung* mit dem serienmäßigen Zubehör der Erdungsmeßgeräte (Meßleitungen von 3 m, 2 x 20 m und 40 m Länge) geeignet. Für ausgedehnte Erdungsanlagen sind die Abstände Erder – Sonde von 20 m und Erder – Hilfserder von 40 m, bedingt durch den Potentialverlauf, allerdings nicht ausreichend; es wird empfohlen, etwa die vierfachen Werte zu wählen. Mit

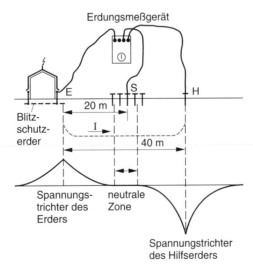

Bild 6.1: Sondenmessung
E Erder; S Sonde; H Hilfserder

solchen großen Abständen für Sonde und Hilfserder hat man aber in bebautem Gelände Schwierigkeiten. In diesen Fällen kann man den Widerstand zwischen dem zu messenden Erder und einem bekannten Gegenerder messen, indem der PEN-Leiter des Netzes oder die Wasserleitung, durchgängig metallenes Rohrnetz vorausgesetzt, verwendet wird. Aus der Erfahrung sind dann von dem gemessenen Wert 0,5 Ω abzuziehen.
Bei der Sondenmessung nach Bild 6.1 ist zu beachten, daß zuerst die neutrale Zone annähernd genau ermittelt wird. Dies erreicht man durch Verändern des Sondenabstands zum Erder bzw. Hilfserder. Der Erdungswiderstand darf nur in der neutralen Zone gemessen werden. Die ermittelten Werte sind in den Prüfungsbericht einzutragen (Anlage 1).

6.3 Prüfung bestehender Blitzschutzanlagen

Regelmäßig durchzuführende Wiederholungsprüfungen sollen gewährleisten, daß eine Blitzschutzanlage ihre Wirksamkeit dauernd beibehält.
Es empfiehlt sich, die Prüfung in folgenden Schritten vorzunehmen.

Sichtprüfung und mechanische Prüfung

Der erste Schritt der Sichtprüfung besteht in der Überprüfung der Nutzungsart und der vorhandenen Bestandsunterlagen (Zeichnung, Anlagenbeschreibung, letzter Prüfungsbericht). Es ist festzustellen und ggf. durch örtliche Besichtigung zu überprüfen, ob

– am oder im Ort bauliche Veränderungen oder Erweiterungen vorgenommen wurden,
– die Ausführung der Blitzschutzanlage noch der vorgefundenen Nutzung entspricht.

Als bauliche Veränderungen zählen u.a. Austausch von Metallregenrinnen gegen solche aus Kunststoff, Auswechseln oder Neuanbringen von Stahlkonstruktionen, Rohrleitungen, Anbauten, Dachaufbauten. Vorgefundene Veränderungen sind in Abstimmung mit dem Nutzer im Prüfungsbericht und in den Zeichnungen zu vermerken.
Der zweite Schritt der Sichtprüfung besteht in der Besichtigung der Blitzschutzanlage in ihrer Gesamtheit. Gleichzeitig ist die Kontrolle auf mechanische Festigkeit neben den im Abschnitt 6.2 genannten Prüfschritten vorzunehmen. Insbesondere ist zu prüfen, ob:

- Übereinstimmung mit den zeichnerischen Unterlagen (Ausführungszeichnung oder Bestandszeichnung) besteht,
- die Anordnung der Fangeinrichtung (Masche, Stange oder Schutzkäfig) so erfolgte, daß ein Schutz für die bauliche Anlage gewährleistet wird; hierzu zählen auch Schornsteine und andere Dachaufbauten,
- das Leitungsmaterial und verwendete Teile der Gebäudeausrüstung den Mindestquerschnitten nach DIN VDE 0185 Teil 1, Abschnitt 4, entsprechen,
- die Befestigung und Abstände der Halter eingehalten sind,
- die Anzahl der Ableitungen und die Einhaltung der Abstände den Bestimmungen entsprechen,
- die Verlegungstiefe des Blitzschutzerders eingehalten wurde,
- die festgelegten Näherungen eingehalten oder neue Näherungen hinzugekommen sind,
- ausreichende Maßnahmen gegen Blitzstrombeeinflussung getroffen wurden,
- die Verbindungsstellen ausreichende Auflageflächen haben und mechanisch fest sind,
- der Korrosionsschutz hinsichtlich der Auswahl der Bauteile und bei der Verbindung zu anderen Werkstoffen (Kupferdächer) beachtet wurde; hierzu gehört auch die Querschnittsminderung (Abrosten) des Leitungsmaterials,
- die Korrosionsschutzmaßnahmen an Verbindungsstellen der Erdungsanlage, den Erdeinführungsstellen und der Schutzanstrich an der Anlage, besonders an Schrauben und Muttern, einwandfrei sind.

Elektrische Prüfung

Bei allen elektrischen Prüfungen ist zu gewährleisten, daß Menschen und Nutztiere durch elektrische Ströme nicht gefährdet werden. Durch die Messung sind die elektrisch leitenden Verbindungen der Fangeinrichtungen, der Ableitungen, der Erdungsanlage, des Potentialausgleichs und die Verbindung zu benachbarten Erdungsanlagen nachzuweisen. Die Prüfung der Erdungsanlage ist nach Abschnitt 6.2 durchzuführen. Die Handhabung der Meßgeräte ist den Bedienungsanleitungen zu entnehmen. Für Messungen der elektrisch leitenden Verbindungen innerhalb der Blitzschutzanlage und der durch den Potentialausgleich verbundenen Teile der Gebäudeausrüstung oder zu benachbarten Erdungsanlagen ist in den meisten Fällen ein *Schleifenwiderstandsmeßgerät* ausreichend. Wenn genauere Messungen erforderlich sind oder Sondenmessungen durchgeführt werden müssen, ist ein *Erdungsmeßgerät* zu verwenden.

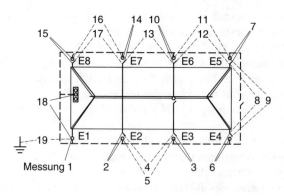

Bild 6.2: Durchgangsmessungen an einer Blitzschutzanlage

Der Ablauf der Durchgangsmessung ist am Beispiel im Bild 6.2 dargestellt. Zu Beginn der Messung sind alle Trennstellen und Verbindungen zum Potentialausgleich im Erdungsbereich geschlossen. Zuerst wird die Trennstelle E 1 geöffnet und z.B. das Erdungsmeßgerät angeschlossen. Wenn der Meßwert bis 5 Ω beträgt, ist die Trennstelle E 1 wieder zu schließen. Danach werden nacheinander alle Trennstellen zwischen den Ableitungen und der Erdungsanlage geöffnet, und an allen Trennstellen Durchgangsmessungen vorgenommen. Betragen die Meßwerte bis 5 Ω, so sind Fang- und Ableitung in Ordnung. Bei der Messung 3 wird eine Unterbrechung festgestellt, die mit den Messungen 4 und 5 als Unterbrechung in der Fangleitung lokalisiert werden kann. Die Unterbrechung innerhalb des Ringerders zwischen E 4 und E 5 wird durch die Messungen 8 und 9 ermittelt. Eine einzelne Unterbrechung an der Erdeinführung E 8 wird mit den Messungen 16 und 17 lokalisiert. Durch die Messung 18 kann die Verbindung der Erdungsanlage mit dem zentralen Potentialausgleich nachgewiesen werden. Ist ein vermaschter zentraler Potentialausgleich vorhanden, so müßten alle Verbindungen zwischen Erdungsanlage und Potentialausgleich geöffnet werden. Diese Messungen werden üblicherweise nicht durchgeführt. Mit der Messung 19 kann die Verbindung der Erdungsanlage mit einer benachbarten Erdungsanlage geprüft werden.

Ist der Widerstand an der Trennstelle E 1 größer als 5 Ω, so ist die Trennstelle wieder zu schließen. Es wird jetzt die gleiche Messung an E 2 vorgenommen. Ist dieser Meßwert in Ordnung, so erfolgt der Ablauf der Messung wie bereits beschrieben. Dabei wird die Ursache an der Trennstelle E 1 automatisch mit ermittelt. Nach erfolgter Messung sind alle geöffneten Trenn- und Verbindungsstellen wieder zu schließen und die Schrauben wieder zu fetten.

Nach Beendigung der Prüfung sind der Prüfbericht nach DIN 48 831 zu erarbeiten, die Bestandszeichnung nochmals auf Vollständigkeit zu prüfen oder eine neue Bestandszeichnung anzufertigen. Für den Prüfbericht kann z.B. der Vordruck in Anlage 1 [54] verwendet werden.
Mit der Übergabe des Prüfberichts bestätigt der Prüfer die Funktionstüchtigkeit der Blitzschutzanlage. Festgestellte Mängel sind im Prüfbericht genau aufzulisten und umgehend zu beseitigen.

6.4 Wartung

Die Wartung der Blitzschutzanlage umfaßt die optische Erfassung von Beschädigungen und/oder Unterbrechungen. So werden auf Flachdächern, bedingt durch deren Begehbarkeit, häufig die Fangleitungen beschädigt und bei Reparaturen von Dächern oder Schornsteinen die Fangeinrichtungen abgerissen oder unterbrochen. An Gebäuden der Landwirtschaft sowie an Schulen und Turnhallen wird häufig die Ableitung bis 2 bis 3 m über der Erdoberfläche beschädigt. Bei Erdarbeiten, z. B. beim Verlegen von Rohrleitungen oder Kabeln, werden oft Erder und Erdungsleitungen beschädigt oder sogar unterbrochen. Die Verantwortlichen für diese Arbeiten haben den Blitzschutzfachmann rechtzeitig (noch bei geöffneter Baugrube) davon in Kenntnis zu setzen. Dies gilt auch für das Auswechseln von Rohrleitungen, die Bestandteil des Potentialausgleichs sind. Wird elektrolytische Korrosion an Rohrleitungen oder Erdern festgestellt, so ist unbedingt die Ursache zu ermitteln. Festgestellte Mängel sind umgehend zu beseitigen.
Nach DIN VDE 0185 Teil 102 [28] soll die Häufigkeit der Wartungsarbeiten von folgenden Bedingungen abhängig gemacht werden:

– witterungs- und umgebungsbezogener Qualitätsverlust,
– Einwirkung tatsächlicher Blitzeinschläge,
– für das Gebäude angegebene Schutzklasse.

Das Wartungsprogramm muß ein Verzeichnis von Routinepunkten enthalten, das als Prüfliste dient. Damit wird bei regelmäßiger Wartung ein Vergleich mit früheren Ergebnissen erleichtert.
Ein Wartungsprogramm sollte je nach Anlagenumfang enthalten:

– Kontrolle aller Blitzschutzleiter und Bauteile,
– Festziehen aller Klemmen und Spleiße,
– Kontrolle des elektrischen Durchgangs der Blitzschutzinstallation,
– Messen des Widerstandes der Erdungsanlage,
– Kontrolle der Blitzstrom- und Überspannungsableiter,

- Wiederbefestigen von Bauteilen und Leitern,
- Festlegen eventueller Veränderungen der Wirksamkeit der Blitzschutzanlage nach zusätzlichen Einbauten oder Änderungen am Gebäude oder seiner Installationen.

Das Ergebnis der Wartung ist in einem Bericht festzuhalten, der zusammen mit den Prüfberichten und der Planungsunterlage aufbewahrt werden sollte.

7 Werkstoffe und Bauteile

In DIN VDE 0185 Teil 1 wird ausdrücklich gefordert, daß Werkstoffe und Bauteile, für die DIN-Normen bestehen, den dort festgelegten Güte- und Maßbestimmungen entsprechen müssen. Werden Bauteile verwendet, die nicht genormt sind, so müssen sie hinsichtlich Querschnitt, Korrosionsschutz, elektrischer Verbindung und mechanischer Festigkeit den genormten Bauteilen mindestens gleichwertig sein. Diese Forderungen sind in DIN 18 384 [16] festgelegt. Die im Abschnitt 3.1 angegebenen Dicken von Blechen (Tabelle 3.1) und Abmessungen von Blitzschutzleitern (Tabelle 3.2) nach DIN VDE 0185 Teil 100 [9] sind Mindestwerte, bei deren Festlegung nur die elektrischen Forderungen und keine mechanischen Festigkeitsforderungen berücksichtigt wurden.
Die Werkstoffe und Mindestabmessungen für Fangeinrichtungen, Ableitungen und Verbindungsleitungen sind in Tabelle 7.1 und für Erder in Tabelle 7.2 nach DIN VDE 0185 Teil 1 [8] zusammengestellt. Zu berücksichtigen ist, daß die Querschnitte für Potentialausgleichsleiter nach Abschnitt 4.6 zu bestimmen sind.
Die wichtigsten Bauteile für den Blitzschutzfachmann sind im Bild 7.1 dargestellt.

Tabelle 7.1: Werkstoffe für Fangeinrichtungen, Ableitungen, Verbindungsleitungen und ihre Mindestmaße [8]

Bauteile	Werkstoff	festgelegt in	Mindestmaße					
			Rundleiter		Flachleiter		
			Durchmesser mm	Querschnitt mm²	Breite mm	Dicke mm	Querschnitt mm²
Fangleitungen und Fangspitzen bis 0,5 m Höhe	Stahl, verzinkt	DIN 48 801	8	50	20	2,5	50
	nichtrostender Stahl²⁾		10	78	30	3,5	105
	Kupfer	DIN 48 801	8	50	20	2,5	50
	Kupfer mit Seil 1 mm Blei-mantel rund		19 x 1,8 10 (8 Kupfer)	50 Kupfer 50 Kupfer			
	Aluminium	DIN 48 801	10	78	20	4	80
	Al-Knetleg.		8	50			
Fangleitungen zum freien Überspannen von zu schützenden Anlagen	Stahlseil, verzinkt	DIN 48 201 T 3*)	19 x 1,8	50			
	Kupferseil	DIN 48 201 T 1	7 x 2,5	35			
	Aluminiumseil	DIN 48 201 T 5	7 x 2,5	35			
	Al-Stahl-Seil	DIN 48 204	9,6	50/8			
	Aldrey-Seil	DIN 48 201 T6	7 x 2,5	35			

| Bauteile | Werkstoff | festgelegt in | Mindestmaße |||||
| | | | Rundleiter ||| Flachleiter ||
			Durchmesser mm	Querschnitt mm²	Breite mm	Dicke mm	Querschnitt mm²
Fangstangen	Stahl, verzinkt	DIN 48 202	16; 20³)				
	nichtrostender Stahl²)		16; 20³)				
	Kupfer	DIN 48 802	16; 20³)				
Winkelrahmen für Schornsteine	Stahl, verzinkt¹)	DIN 48 814			50/50	5	
	nichtrostender Stahl²)				50/50	4	
	Kupfer				50/50	4	
Blecheindeckungen⁷)	Stahl, verzinkt	DIN 17 162 T 1 und 2				0,5	
	Kupfer					0,3	
	Blei					2,0	
	Zink					0,7	
	Aluminium und Al-Legierung					0,5	

Bauteile	Werkstoff	festgelegt in	Mindestmaße					
			Rundleiter		Flachleiter			
			Durchmesser mm	Querschnitt mm^2	Breite mm	Dicke mm	Querschnitt mm^2	
Ableitungen und oberirdische Verbindungsleitungen	Stahl, verzinkt	DIN 48 801	8; 10^3); 16^4)	50; 78, 200	20 30	2,5 3,5	50 105	
	nichtrostender Stahl^2)		10, 12^3); 16^4)	78, 113, 200	30 30	3,5^3) 4^4)	105 120	
	Kupfer^{10})	DIN 48 801	8	50	20	2,5	50	
	Kupfer mit Seil 1 mm Blei- rund mantel		19 x 1,8 10 (8 Kupfer)	50 50 (Kupfer)				
	Aluminium^7)	DIN 48 801	10	78	20	4	80	
	Al-Knetleg.^{7})		8	50				
	Stahl mit 1 mm^7) Bleimantel		10 (8 Stahl)	50 (Stahl)				
	Stahl, verzinkt, flexibel mit Kunststoffmantel			25^6)				

7 Werkstoffe und Bauteile 173

Bauteile	Werkstoff	festgelegt in	Mindestmaße				
			Rundleiter		Flachleiter		
			Durchmesser mm	Querschnitt mm²	Breite mm	Dicke mm	Querschnitt mm²
Ableitungen, oberirdische und unterirdische Verbindungs-leitungen[8])	Stahl mit [7]) Kunststoffmantel		8 (Stahl)				
	Kabel NYY[7])	DIN VDE 0271		16			
	Kabel NAYY[7])	DIN VDE 0271		25			
	Leitung H07V-K[7])[9])	DIN VDE 0281 T 103		16; 50[5])			

*) zur Zeit Entwurf
1) nur Feuerverzinkung; Zinküberzug Schichtdicke 70 μm, Einzelwert 55 μm
2) z.B. nach DIN 17 440/12.72, Werkstoffnummer 1.4301 oder 1.4541
3) bei freistehenden Schornsteinen
4) im Rauchgasbereich
5) für Brückenlager, auch NSLFFÖU 50 mm nach DIN VDE 0250 verwendbar
6) für kurze Verbindungsleitungen
7) nicht bei freistehenden Schornsteinen
8) für Blitzschutz-Potentialausgleichsleitungen siehe Tabelle 3.2
9) nicht für unterirdische Verbindungsleitungen
10) siehe Tabelle 7.2, Fußnote 5

Tabelle 7.2: Werkstoffe für Erder und ihre Mindestmaße [8]

Werkstoff	Form	festgelegt in	Mindestmaße					
			Kern				Überzug/Mantel Dicke	
			Durchmesser mm	Querschnitt mm²	Dicke mm		Einzelwerte µm	Mittelwert µm
Stahl, feuerverzinkt	flach[6]	DIN 48 801		100	3,5		55	70
	Profil			100	3		55	70
	Rohr		25		2		55	70
	rund für Tiefenerder[6]	DIN 48 852 T 2	20				55	70
	rund für Oberflächenerder	DIN 48 801	10[4])				40[1])	50[1])
	rund für Erdeinführungen	DIN 48 802	16				55	70
Stahl mit Bleimantel[2])	rund		8 Stahl				1 mm Blei	
Stahl mit Kupfermantel	rund für Tiefenerder		15 Stahl				2 mm Kupfer	
Kupfer	flach[5])	DIN 48 801		50[3])	2			
	rund		8	50[3])				
	rund für Erdeinführung	DIN 48 802	16					

7 Werkstoffe und Bauteile

Werkstoff	Form	festgelegt in	Mindestmaße				
			Kern			Überzug/Mantel Dicke	
			Durchmesser mm	Querschnitt mm²	Dicke mm	Einzelwerte μm	Mittelwert μm
Kupfer	Seil[5])		19 x 1,8	50[3])			
	Rohr		20		2		
Kupfer mit Bleimantel[2])	Seil		19 x 1,8	50[3]) Kupfer		1 mm Blei	
	rund		8 Kupfer	50[3]) Kupfer		1 mm Blei	

1) bei Verzinkung im Durchlaufbad z. Z. fertigungstechnisch nur 50 μm herstellbar
2) nicht für unmittelbare Einbettung in Beton
3) bei Starkstromanlagen 35 mm²
4) Maß gilt nicht für Fernmeldeanlagen der Deutschen Bundespost Telekom
5) Festlegungen für Kupferband, verzinkt, und Kupferseil, verzinnt, werden in der in Vorbereitung befindlichen DIN VDE-Norm "Werkstoffe und Mindestmaße von Erdern bezüglich der Korrosion" enthalten sein.
6) Bestimmte hochlegierte nichtrostende Stähle nach DIN 14 440 sind im Erdboden passiv und korrosionsbeständig. Das freie Korrosionspotential von hochlegierten nichtrostenden Stählen liegt in den meisten Fällen in der Nähe des Wertes von Kupfer. In der Tabelle ist daher nichtrostender Stahl wie Kupfer zu beurteilen. Bei der Querschnittsbemessung ist die niedrigere elektrische Leitfähigkeit zu berücksichtigen ($\kappa \approx 1{,}35$ Sm/mm²)

Blitzschutzanlage Fangstangen	
Blitzschutzanlage Stangenhalter	
Blitzschutzanlage Dachdurchführungen	
Klemmen für Blitzschutzanlagen	
Blitzschutzanlage Dachleitungshalter für weiche Bedachung Holzpfahl	

Bild 7.1: Bauteile für Blitzschutzanlagen (Teil 1)

7 Werkstoffe und Bauteile

Blitzschutzanlage Schellen	
Blitzschutzanlage Nummernschilder	
Dachleitungsstützen für Blitzableiter	

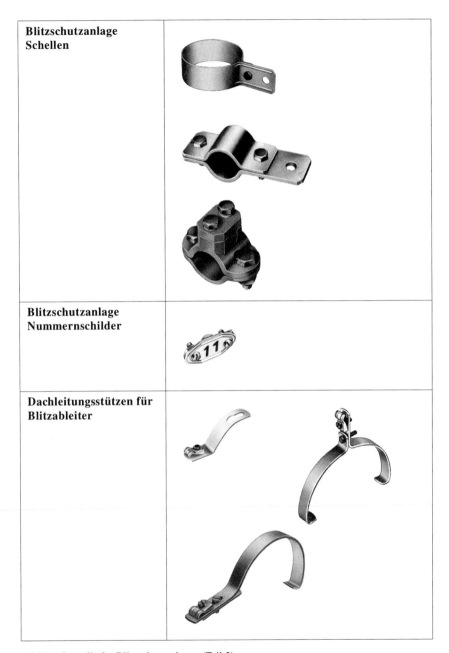

Bild 7.1: Bauteile für Blitzschutzanlagen (Teil 2)

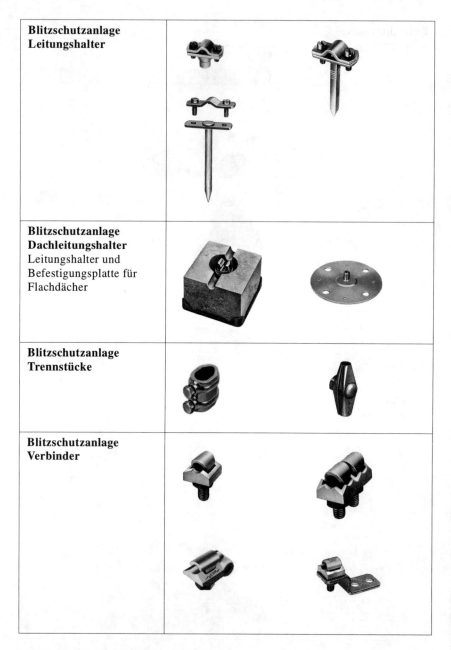

Bild 7.1: Bauteile für Blitzschutzanlagen (Teil 3)

7 Werkstoffe und Bauteile

Blitzschutzanlage Anschluß- und Überbrückungsbauteile	
Blitzschutzanlage Kreuzverbinder	
Blitzschutzanlage Erdeinführungsstangen	
Blitzschutzanlage Staberder, mehrteilig	

Bild 7.1: Bauteile für Blitzschutzanlagen (Teil 4)

8 Verbindungen

Verbindungen für Fangeinrichtung und Ableitungen sowie für Anschlußleitungen müssen den zu erwartenden elektrischen, thermischen und mechanischen Beanspruchungen standhalten und ausreichenden Korrosionsschutz aufweisen. Die Anforderungen an Verbindungen für die Erdungsanlage sind dem Abschnitt 4.4 zu entnehmen.
Verbindungen können durch Schweißen, Schrauben, Klemmen, Pressen und Hartlöten hergestellt werden.
Blitzschutzbauteile, z.B. Leitungsverbinder, Endstücke, Klemmstücke, Rinnenklemmen und Rohrschellen (Bild 7.1), sind wegen ihrer vielseitigen Einsetzbarkeit am besten geeignet für dauerhafte mechanisch feste Verbindungen. Bei Leitungen mit Kunststoffüberzug oder Bleiummantelung ist die Schutzschicht an den Klemmstellen zu entfernen. *Schraubverbindungen* sind mit zwei Schrauben M 8 oder mit einer Schraube M 10 herzustellen.
Lötverbindungen müssen vollflächig hergestellt werden, eine Auflagefläche von 1000 mm^2 haben sowie allseitig dicht sein.
Schweißverbindungen (Bild 8.1 a) sollen durch Elektroschweißen hergestellt werden, weil bei anderen Schweißverfahren, wie Gasschweißen, durch die größere Wärmezone zu viel von der Zinkschicht zerstört wird. Die Längskehlnähte sollen mindestens 100 mm lang und 3 mm dick sein. Beim Schweißen von verzinkten Teilen entstehen Zinkdämpfe, die zu gesundheitlichen Schäden führen können. Darum ist an den Schweißstellen vorher die Zinkschicht abzuschleifen und auf ausreichende Lüftung zu achten.
Bleche dürfen untereinander verschweißt, gefalzt oder im Abstand von 1 m verschraubt oder genietet werden. Anschlüsse an Bleche unter 2 mm Dicke sind mit Gegenplatten auszuführen, damit die Verbindungen mechanisch fest sind und ein Ausreißen der Schrauben verhindert wird. Verbindungsstellen zu Blechteilen, die nur einseitig zugänglich sind, werden über einen Anschlußwinkel oder Flachleiter mittels Blindnieten, Blindnietmuttern oder – bei Blechen mit mindestens 2 mm Dicke – auch mittels Blechtreibschrauben hergestellt (Bild 8.1 b). Die Auflagefläche des Winkels muß größer als die allgemein üblichen 1000 mm^2 sein, da sonst die Zahl der Blindniete nicht unterzubringen ist. Es müssen mindestens fünf Blindniete von 3,5 mm Ø oder vier Blindniete von 4 mm Ø verwendet werden. Bei Verwendung von Überbrückungsseilen nach DIN 48 841 genügen jeweils zwei Blindniete von 4 mm Durchmesser an jeder Anschlußstelle. Zugnägel von Blindnieten müssen aus nichtrostendem Stahl bestehen. Es können auch zwei Schrauben M 6 oder zwei Blechtreibschrauben 6,3 mm Ø aus nichtrostendem Stahl (z.B. DIN 17 440, Werkstoffnummer 1.4301) [8] verwendet werden.

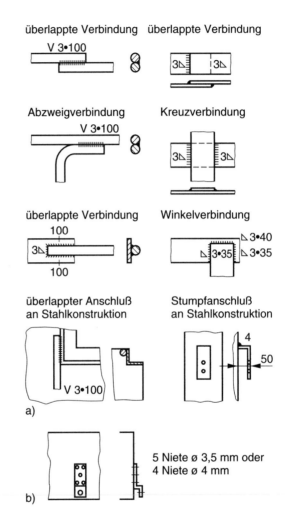

Abb. 8.1: Verbindungen an Blitzschutzanlagen
a) Schweißverbindungen
b) Blindnietverbindungen

Konstruktionsteile, die nicht durchgehend elektrisch leitend verbunden sind, müssen, wenn sie als Fangeinrichtung und Ableitung oder Erdungsanlage genutzt werden, leitfähig verbunden werden. Das Verbindungsmaterial ist nach Tabelle 7.1 und Bild 7.1 auszuwählen. Bei der Auswahl ist auf gleiches Material, auf eventuelle Korrosion und mechanische Belastungen zu achten. So sind z.B. für bewegliche Teile auf Schwingungsdämpfern, wie Aufzugsmaschinen und Lüftungsgebläse, flexible Anschlußleitungen anzubringen.

9 Anhang

PRÜFUNG DES ÄUSSEREN BLITZSCHUTZSYSTEMS

Bericht Nr. _____
Datum _____
Prüfer _____

EIGENTÜMER
- Firma, Name _____
- Straße _____
- PLZ, Ort _____

ANGABEN ZUM GEBÄUDE
- Standort _____
- Nutzung _____
- Bauart _____
- Dacheindeckung _____
- Hersteller _____
- Baujahr _____
- Anzahl der Ableitungen _____
- Werkstoffe Oberleitung _____
- Erdleitung _____

ANGABEN ZUM ÄUSSEREN BLITZSCHUTZ

Potentialausgleich
nach DIN VDE 0100 T. 540 durchgeführt   ja ☐   nein ☐
Potentialausgleichsschiene vorhanden   ja ☐   nein ☐

In Potentialausgleich einbezogen:
- ☐ Fundamenterder
- ☐ N / PE
- ☐ metall. Wasserverbrauchsleitung
- ☐ metall. Abwasserleitung
- ☐ zentr. Heizungsanlage
- ☐ Antennenerdung
- ☐ Erdung Fernmeldeanlage
- ☐ _____
- ☐ _____
- ☐ _____

Blitzstromableiter eingebaut   ja ☐
Überspannungsableiter eingebaut   ja ☐

Art der Erdungsanlage
(z. B. Ringerder, Fundamentderder, Tiefenerder) _____

ZWECK DER PRÜFUNG
- ☐ Abnahme
- ☐ Wiederkehrende Prüfung
- ☐ Übergabe
- ☐ _____

BESCHREIBUNG UND ZEICHNUNG

des Äusseren Blitzschutzsystems
- ☐ haben vorgelegen, s. Zeichnung Nr. _____
- ☐ haben nicht vorgelegen
- ☐ wurde neu aufgenommen, s. Anlage zum Prüfbericht, Zeichnung.Nr. _____

BEZEICHNUNG DER TRENNSTELLEN

entsprechen den Angaben nach
- ☐ Zeichnung Nr. _____
- ☐ Anlage zum Prüfbericht, Zeichnung Nr. _____

Prüfung erfolgte nach _____
sowie zusätzlich nach _____

Messung der Ausbreitungswiderstände R_A an den einzelnen Trennstellen

Trennstelle Nr.	1	2	3	4	5	6	7	8
R_A (Ω)								
Trennstelle Nr.	9	10	11	12	13	14	15	16
R_A (Ω)								
Trennstelle Nr.								
R_A (Ω)	17	18	19	20	21	22	Oberleitung	

Ausbreitungswiderstand $R_{A\,ges}$ der gesamten Anlage: _____ Ω

PRÜFERGEBNIS
— Die Anlage ist ohne Mängel   ja ☐   nein ☐
— Die Prüfung hat folgende Mängel ergeben:

_____

Nächste Prüfung erforderlich im Jahre _____   Der Prüfbericht umfaßt:
                 _____ Prüfbericht Nr. _____
                 _____ Anlage zum Prüfbericht, Zeichn. Nr. _____
                 _____ Beiblatt

                 Ort _____ , den _____

                 _____
                 Unterschrift des Prüfers

HINWEIS FÜR DEN EIGENTÜMER DER ANLAGE
☐ Der Eigentümer des Gebäudes hat für die Beseitigung der Mängel zu sorgen.
☐ Die Notwendigkeit zusätzlicher Maßnahmen für den Inneren Blitzschutz ist zu prüfen.
☐ Bei baulichen Veränderungen oder Blitzschlag ist umgehend der Revisionsdienst zu verständigen.

10 Literatur

[1] Die ältesten Blitzableiter. Archiv für Post und Telegraphie (1893) Nr. 21 S. 779-780

[2] Blitzableiteranlagen an dem altjüdischen Tempel in Jerusalem. Archiv für Post und Telegraphie (1898) Nr. 9, S. 295-296

[3] *Hasse, P.; Wiesinger, J.*: Handbuch für Blitzschutz und Erdung. 3. Aufl. München: Pflaum Verlag; Berlin: VDE-Verlag, 1989

[4] Ratschläge der Land-Feuer-Societät des Herzogthums Sachsen und der Provinzial-Städte-Feuer-Societät der Provinz Sachsen für die Anlegung von Blitzableitern vom 10. November 1877. Druck von Hottenroth und Schneider in Merseburg. In der 3. Auflage um die "Anleitung für die Revision derselben" erweitert, 1887

[5] Sicherung der Fernsprecher gegen Blitzschlag. Archiv für Post und Telegraphie (1879) Nr. 23, S. 741

[6] Gewitterbeobachtungen im Reichs-Telegraphengebiet. Archiv für Post und Telegraphie (1890) Nr. 4, S. 97-107

[7] Zwei merkwürdige Blitzschläge. Archiv für Post und Telegraphie (1891) Nr. 8, S. 279-287

[8] DIN VDE 0185 Teil 1/11.82 Blitzschutzanlage; Allgemeines für das Errichten DIN VDE 0185 Teil 2/11.82 Blitzschutzanlage; Errichten besonderer Anlagen

[9] DIN VDE 0185 Teil 100/Entwurf 11.92 Gebäudeblitzschutz; Allgemeine Grundsätze (IEC 1024-1/1990 + IEC 81 (CO) 14; modifiziert); deutsche Fassung von prENV 61 024-1: 1991 und DIS 81 (BC/CO) 14, 1991-00; Schutz von Bauwerken vor Blitzeinwirkung. Teil 1 Allgemeine Prinzipien. Hauptabschnitt 1: Richtlinie A Auswahl von Schutzpegeln für Blitzschutzanlagen.
Basispapier von DIN VDE 0185 T 100 ist:
IEC 1024-1/03.90 Protection of structures against lightning. Part 1: General principles.

[10] *Trommer, W.*: Qualifikation im Blitzschutz. Elektropraktiker 46 (1992) 9, S. 568-570

[11] DIN VDE 0105 Teil 1/07.83 Betrieb von Starkstromanlagen; Allgemeine Festlegungen

[12] TGL 30 044/06.88 Gesundheits- und Arbeitsschutz, Brandschutz, Blitzschutz; Allgemeine Festlegungen

[13] Deutsche Elektrotechnische Kommission im DIN und VDE (DKE): Normenunion DIN/DKE-DDR; Schreiben Obl 03-90 vom 15.11.90

[14] TGL 200-0616/10.85 Blitzschutzmaßnahmen

[15] DIN VDE 0185 Teil 103/ Entwurf 12.92 Schutz gegen elektromagnetischen Blitzimpuls (LEMP); Teil 1 Allgemeine Grundsätze (identisch mit IEC 81 (Sec) 44)

[16] DIN 18 384/12.92 Verdingungsordnung für Bauleistungen. Teil C Allgemeine Technische Vertragsbedingungen für Bauleistungen (ATV), Blitzschutzanlagen

[17] DIN 48 830/03.85 Blitzschutzanlage; Beschreibung

[18] DIN VDE 0800 Teil 2/07.85 Fernmeldetechnik; Erdung und Potentialausgleich

[19] DIN VDE 0845 Teil 1/10.87 Schutz von Fernmeldeanlagen gegen Blitzeinwirkungen, statische Auflandungen und Überspannungen aus Starkstromanlagen; Maßnahmen gegen Überspannungen

[20] *Hasse, P.*: EMV-orientiertes Blitz-Schutzzonen-Konzept mit Beispielen aus der Praxis. DEHN-Sonderdruck Nr. 24

[21] DIN 48 820/Entwurf 08.80 Blitzschutzanlage, Graphische Symbole für Zeichnungen

[22] *Kuhnlein, K.-H.; Wünsche, A.*: Dachdeckerarbeiten. Berlin: Verlag für Bauwesen, 1987

[23] TGL 33 373/02.81 Bautechnische Maßnahmen für Erdung, Potentialausgleich und Blitzschutz

[24] Dehn + Söhne: Blitzplaner. Ausgabe Oktober 1989

[25] DIN VDE 0141/07.89 Erdungen für Starkstromanlagen mit Nennspannungen über 1 kV

[26] DIN VDE 0100 Teil 410/11.83 Errichten von Starkstromanlagen mit Nennspannungen bis 1000 V; Schutzmaßnahmen; Schutz gegen gefährliche Körperströme

[27] Fernmeldebauordnung der Deutschen Bundespost. Teil 14 (FBO 14)/1988: Erdungsanlagen und Überspannungsschutz. Bestellnummer KNr 651 562 800-9

[28] DIN IEC 81 (Sec) 48/DIN VDE 0185 Teil 102/Entwurf 02.93 Gebäudeblitzschutz. Teil 1 Allgemeine Grundsätze, Leitfaden B (Anwendungsrichtlinie) Planung, Errichtung, Instandhaltung, Prüfung (identisch mit IEC 81 (Sec) 81)

[29] DIN VDE 0855 Teil 1/05.84 Antennenanlagen; Errichtung und Betrieb

[30] DIN VDE 0115 Teil 1/06.82 Bahnen; Allgemeine Bau- und Schutzbestimmungen

[31] DIN VDE 0150/04.83 Schutz gegen Korrosion durch Streuströme aus Gleichstromanlagen

[32] *Kleinhuis, H.*: Leitfaden Fundamenterder, Potentialausgleich. Lüdenscheid, Ausgabe August 1992

[33] DIN VDE 0151/06.86 Werkstoffe und Mindestmaße von Erdern bezüglich der Korrosion

[34] VDEW/1987 Richtlinien für das Einbringen von Fundamenterdern in Gebäudefundamenten

[35] *Kleinhuis, H.*: Leitfaden Äußerer und Innerer Blitzschutz. Lüdenscheid, Ausgabe März 1992

[36] DIN 48 810/Entwurf 02.91 Blitzschutzanlage, Blitzstromprüfung, Verbindungsbauteile

[37] *Neuhaus, H.*: Blitzschutzanlagen, Erläuterungen zu DIN VDE 0185, VDE-Schriftreihe 44. Berlin: VDE-Verlag, 1983

[38] *Luz, F.-J.*: Unterricht vom Blitz und den Blitz- oder Wetterableitern. Frankfurt und Leipzig: Weigel und Schneider, 1784

[39] DIN 48 803/03.85 Blitzschutzanlage; Anordnung von Bauteilen und Montagemaße

[40] DIN 48 831/03.85 Blitzschutzanlagen; Bericht über eine Prüfung (Prüfbericht)

[41] *Pott, W.; Dahlhoff, W.*: Verordnung über die Honorare für Leistungen der Architekten und der Ingenieure (HOAI). 7. Aufl. Essen: Verlag f. Wirtschaft u. Verwaltung Hubert Wingen, 1991

[42] *Trommer, W.*: Blitzschutz für Mariendom und St.-Severi-Kirche zu Erfurt. Elektropraktiker 46 (1992) 10, S. 714-718

[43] DIN 48 802/08.86 Blitzschutzanlagen, Fangstangen

[44] DIN VDE 0100 Teil 540/11.91 Errichten von Starkstromanlagen mit Nennspannungen bis 1000 V; Auswahl und Errichtung elektrischer Betriebsmittel; Erdung, Schutzleiter, Potentialausgleichsleiter

[45] DIN 48 850/03.87 Blitzschutzanlage, Erdeinführungsstangen

[46] *Hasse, P.*: Überspannungsschutz von Niederspannungsanlagen. Köln: Verlag TÜV Rheinland, 1987

[47] *Fluthwedel, R.*: Das ABC für den Blitzableiterbau. Köln-Braunsfeld: Verlagsges. R. Müller, 1953

[48] *Hasse, P.*: Blitz- und Überspannungsschutz. 3. Forum für Versicherer. Dehn + Söhne, 1990

[49] DIN VDE 0107/11.89 Starkstromanlagen in Krankenhäusern und medizinisch genutzten Räumen außerhalb von Krankenhäusern

[50] Handbuch elektromagnetische Verträglichkeit: Grundlagen, Maßnahmen, Systemgestaltung. Hrsg. v. *E. Habiger*. Berlin: Verlag Technik, 1992

[51] *Rolle, H.*: Sicherheit in der Fernmelde- und Informationstechnik, Kommentar zu DIN VDE 0800 und 0804. VDE-Schriftenreihe 54; Berlin: VDE-Verlag, 1991

[52] Explosionsschutz-Richtlinie (Ex-RL), Ausg. 09.90. Herausgeber: Berufsgenossenschaft der chemischen Industrie

[53] Sicherheit auf Baustellen. Die Brücke; Mitteilungsblatt der Berufsgenossenschaft der Feinmechanik und Elektrotechnik, Heft 2, April 1993

[54] Dehn + Söhne: Formblatt Nr. 2375, Prüfung der Blitzschutzanlage

[55] VDE-Ausschuß für Blitzschutz und Forschung (ABB), AK Prüfungen: Maßnahmen für die Prüfung von Gebäudeblitzschutzanlagen, Frankfurt/Main, Juni 1992

[56] Verband Deutscher Blitzschutzfirmen e.V. (VDB), Köln: Wir geben Sicherheit, wir schützen Werte, Essen 1990, Seite 8

Der Abdruck des Prüfprotokolls "Prüfung des äußeren Blitzschutzes" in Kapitel 9 (Anhang) erfolgte mit freundlicher Genehmigung der Dehn + Söhne GmbH + Co. KG, Hans-Dehn-Straße 1, D-92318 Neumarkt/Opf.

11 Stichwortverzeichnis

ABB 3 f., 5
Ableitung 62 ff.
– für offene Feldscheune 64
–, Metallfassade als 67
–, Regenfallrohr als 67
–, senkrechte Bewehrungsstähle als 66
Ablufthaube 60
Abnahmeprüfung 160
Abstand der Näherungsstelle 105
Anforderungsklassen für Verbindungsbauteile 37
Anschlußplatte 66
Antennen 132 ff.
Anwendungsgruppen von medizinisch genutzten Räumen 137
Arbeitsschutz 12
Aufzüge 129 ff.
Ausblasöffnung 152
Ausbreitungswiderstand 69, 73 f.
–, Messung 163
Ausrüstung 10
Ausschmelzen von Blechen 21, 52
Außenaufzüge 129

Baustellen, Sicherheit 12
Bauteile 176 ff., 178
Bauwerksklassifikation 27 ff.
– von besonders gefährdeten Bereichen 148
Berührungs- und Schrittspannung 76, 86 f., 126
Bleche 22, 52, 88 150, 178
Blitz 20
Blitzkugelverfahren 34, 49 ff., 56, 112
Blitzschutz
–, Aufgaben 24
–, Erfordernis 26
Blitzschutzanlage 24 ff.
–, Bestandsaufnahme 41
–, Darstellung 42 ff.
– für besonders gefährdete Bereiche 147 ff.
–, isolierte 67, 98

–, natürliche Bestandteile 30
–, Planung 39
–, Prüfung 158 ff.
–, Wartung 167 ff.
–, Wirkungsgrad 25
Blitzschutzfachmann 39
– mit EMV-Kenntnissen 39
–, Zuständigkeit 33
Blitzschutz-Management 40
Blitzschutz-Potentialausgleich 92 ff.
– am Gebäude 94
– an der Gebäudegrenze 96
– an den Schnittstellen 94
– im Gebäude 96
– im Umkreis des Gebäudes 94
– in explosionsgefährdeten Bereichen 154
– mit metallenen Installationen 93
Blitzschutzzone (BSZ) 24, 31 ff.
–, Ermitteln 34
–, Maßnahmen in der 32
Blitzstrom 21
–, über Versorgungsleitungen 35 f.
Blitzstromableiter 37, 94, 104
Blitzstromparameter 20 ff., 25
– an der Schnittstelle im Erdbereich 35 f.
Blitzstromtragfähigkeit von Leitern 21
Brandwarnzentrale 131
Brücken 124
Brüstung 48

Dachaufbauten
– aus Metall 60
– aus nichtleitenden Baustoffen 59
– mit elektrischen bzw. elektronischen Einrichtungen 61
Dachlüfter 61
Dachteile 47 f.
Datenverarbeitungsanlage 144
direkte Blitzeinwirkung 24
Drahtgewebe 53

Dunstrohr 60
Durchgangsmessung 165 f.

Einzelerder 76
– , Verbindung 84
elektrische Drainage 146
Empfangsantennen- und Verteileranlagen (EVA) 132 ff.
EMV-Fachmann 39
– , Zuständigkeit 33
Erdeinführungsstange 83
– , Korrosionsschutz 86
Erder 69
– , Korrosionsschutz 84 ff.
– , Mindestabmessungen 83
Erdungsanlage 68 ff.
– , Zusammenschluß 70 ff.
Erdungsleitung 81
Erdungsplan 146
Erdungsringleiter 146
Erdungssammelleiter 146
Erdungswiderstand 68 ff.
– , Zusammenschluß 70 ff.
Explosionsgefährdung 151
Explosivstoffgefährdung 155

Fachkraft für Blitzschutz 5 ff.
Fanganordnung 49 ff., 53 ff.
Fangeinrichtung 49 ff.
– , isolierte 61, 67
Fangleitung 53 f.
Fangspitze 54
Fangstange 55 ff.
Fernmeldetechnik 144
Feuergefährdung 149
Fiale 48, 61
Flächenerder 76, 78
Förderbrücke 129
Förderturm 116
Franklin, Benjamin 1
FUA 1.13 4
Fundamenterder 69, 77, 78 ff.
– , Schweißverbindungen 82
Funktionserdungs- und Schutzleiter (FPE) 145

Gaupe 48, 61

Gebäudeschirm 87
Geschichte des Blitzschutzbaus 1 ff.
Giebelspitze 61
Glockenstuhl 115

Hauptschutzleiter 99
– , Mindestabmessungen 100
Haustechnik 145
Hochregal 131
Hülle von Traglufthallen 119 f.

indirekte Blitzeinwirkung 24
induzierte Spannung in Installationsschleifen 22
Innenaufzüge 129
Ionisationsmelder 131

Kirchen 112
Kirchenschiff 113
Kirchturm 113
Kopfstation von Antennenanlagen 133 ff.
Korrosionschutz 84
Kran 129
Krankenhaus 137 ff.
Kühlturm 117

Längsspannung 91, 121, 125
Laterne 48
Leitungsschirm 90 ff.
Lötverbindung 178

Maschenweite 49, 50, 52, 53
Mauerkrone 61
Meßgeräte 11
Metallfolie 53

Näherung 104 ff.
Näherungsformel 105
Näherungsstelle 104, 142
Normung 5, 17 ff., 38

Objekte mit besonderer Gefährdung 147 ff.

Pardune 136
Planungsunterlagen 39
Potentialausgleich 98 ff.

11 Stichwortverzeichnis

–, Blitzschutz- 92 ff.
–, fremdspannungsarmer 98
– für elektrische Anlagen 26, 98 ff.
–, zusätzlicher (örtlicher) 102
Potentialausgleichsleiter 100
–, Mindestquerschnitt 23, 94
–, Querschnitt 100
Potentialausgleichsnetzwerk 96, 139, 144 f.
Prüfbericht 162, 166
Prüffristen 157
Prüfung von Blitzschutzanlagen 158 ff.

Rauchgaszone 110
Raumschirm 89
Ringerder 76, 77
Rocaso-Wand 139
Rödelverbindung 82, 88
Rohrleitungen 121
Rohrmast 57
Rückzündung 147

Schirmrohr 90 ff.
Schirmung, elektromagnetische 87 ff.
Schnittstelle 31, 127
–, Maßnahmen an der 32, 94
Schornstein 59, 109 ff.
–, nichtmetallener 109
Schrägerder 77
Schraubverbindung 178
Schutzbedürftigkeit eines Bauwerks 27
Schutzklasse (SK) 25, 28, 148
Schutzraum 49, 55 f.
Schutzwinkel 49 f.
Schweißverbindung 82, 88, 178
Schwimmdachtank 154
Seilbahn 115
Sendeantennenanlage 135 ff.
Sicherheitsabstand 75, 104
Sichtprüfung 161 f., 164

Sirenen 126
–, Blitzschutz-Potentialausgleich 128
–, Schirmung 128
Skilift 116
Sondenmessung 163
Spannungsfestigkeit von Kabeln 125
Spindelblitzableiter 2
Sportflächen 121
–, Klassifizierung 122
Sportfreianlagen 121 ff.
Steigeisengang 110
Stoßerdungswiderstand 69, 73

Teilblitzstromtragfähigkeit von Leitern 21
Tiefenerder 69, 78
Traglufthalle 119
Trennfunkenstrecke 37, 84, 94, 103
Trennstelle 65

Überbrücken von Wasserzählern 102
Überspannungsableiter 37, 94
Überspannungsschutz 26
Unterkonstruktion, metallene 53

Verbindungsbauteile 37, 177
Verbindungsstellen in explosionsgefährdeten Bereichen 152 f.
Verdünnungsfaktor 147
Vertikalerder 77 f.
Vorschriften 17

Wartung der Blitzschutzanlage 167 ff.
Weichdach 150
Wellfaserzementplatte 53, 150
Werkstoffe und Mindestabmessungen 169 ff.
Werkzeuge 9
Wiederholungsprüfung 158 f.
Windmühle 151

Hüthig

Alfred Hösl, Roland Ayx

Die neuzeitliche und vorschriftsmäßige

Elektroinstallation

Wohnungsbau, Gewerbe, Industrie

15., neubearbeitete Auflage
1992. XXII, 641 S., 242 Abb.,
84 Tab. Gb. DM 62,—
ISBN 3-7785-2134-9

In bewährter Weise behandelt dieses Standardwerk die technisch-praktischen Fragen, mit denen der Elektroinstallateur in seiner täglichen Praxis umgeht. Ebenso vermittelt es ihm die neuesten gesetzlichen Vorschriften, Normen und Richtlinien.

Die 15., neubearbeitete Auflage zeichnet sich neben der immer gewährleisteten Aktualität besonders durch eine verbesserte Zusammenstellung der Themenkomplexe aus, die das Nachschlagen erleichtert.

Das unentbehrliche Standardwerk für jeden Elektroinstallateur seit über 30 Jahren!

Auswahl aus dem Inhalt:
- Stromversorgung
- Leitungen und Kabel
- Elektrische Betriebs- und Verbrauchsmittel
- Blitzschutz, Überspannungsschutz
- Fernmeldetechnik
- Betrieb elektrischer Anlagen
- Gesetze, Verordnungen, Vorschriften und Richtlinien

**Hüthig Buch Verlag
Im Weiher 10
69121 Heidelberg**

Udo Markgraf, Hermann Fr. Wend

Hüthig

Erlaubt? - Verboten?

Schulungsfragen für den Elektroinstallateur zu den wichtigsten Vorschriften und Normen DIN VDE, TAB, AVBEltV, Elex-V, GBN u. a.

15., überarbeitete und ergänzte Auflage 1994.
586 S. Br.
DM/sFr. 49,— öS 383,—
ISBN 3-7785-2241-8

Dieses Frage- und Antwortbuch bietet viel fundiertes Wissen auf kleinstem Raum. Es ist das ideale Werk zur Prüfungsvorbereitung und zum Nachschlagen bei Problemen aus der Praxis.
Nach einer Einleitung „Einteilung der DIN VDE-Bestimmungen" folgen in 20 Kapiteln Fragen mit Antworten zu den Themen:

- Allgemeine Schutzbestimmungen · Schutzleiter
- Erdungen · Potentialausgleich · Blitzschutz
- Schutzmaßnahmen im TN-, TT- und IT-Netz
- Schutz-Isolierung, -Trennung, -Kleinspannung und Funktionskleinspannung
- Verteilungen · Leitungsbemessung · Geräteanschluß
- Trockene, feuchte, nasse, heiße Räume · Isolationsmessungen
- Bade- und Duschräume
- Feuergefährdete Betriebsstätten
- Explosionsgefährdete Bereiche
- Baustellen
- Landwirtschaftliche Betriebsstätten
- Versammlungsstätten · Großbauten · Sicherheitsbeleuchtung
- Leuchtröhrenanlagen
- Medizinisch genutzte Räume
- Betrieb von Starkstromanlagen · Bekämpfung von Bränden
- Allgemeine Versorgungsbedingungen · Technische Anschlußbedingungen
- Prüfen elektrischer Anlagen
- Elektrische Betriebsstätten
- Kleinkraftwerke
- Netzrückwirkungen

Durch die lebendige Form der Darstellung durch Fragen und Antworten, zahlreiche Abbildungen, praxisbezogene Rechenbeispiele und ausführliche Tabellen im Anhang, ist der allgemein eher als „trocken" empfundene Stoff der Normen so aufgelockert worden, daß das Erarbeiten dieses umfangreichen Fachwissens sehr erleichtert wird.

Hüthig GmbH
Im Weiher 10
69121 Heidelberg